家具
质量安全知识问答

● 邱 坚 主编

图书在版编目(CIP)数据

家具质量安全知识问答/邱坚主编. —北京:中国计量出版社,2010.10

(绿色乡村)

ISBN 978-7-5026-3310-3

Ⅰ.①家… Ⅱ.①邱… Ⅲ.①家具—质量安全—问答 Ⅳ.①TS664-44

中国版本图书馆CIP数据核字(2010)第134361号

内 容 提 要

本书是"绿色乡村"丛书之一,主要以问答的形式介绍了家具质量安全基础知识、家具的选购鉴别与质量安全、安全合理使用家具的技巧与方法,以及相关的消费者权益保护知识与维权案例等,旨在普及家具质量安全常识,提高人们生活质量,传播科学环保的生产生活方式和理念。

本书内容翔实,实用性强,可为消费者在选购、使用和保养各类家具时提供帮助,也可供家具行业从业人员参考。

中国计量出版社出版

北京和平里西街甲2号

邮政编码 100013

电话 (010)64275360

http://www.zgjl.com.cn

北京市密东印刷有限公司印刷

新华书店北京发行所发行

版权所有 不得翻印

*

787 mm×1092 mm 32开本 印张 4.75 字数 92千字

2010年9月第1版 2010年9月第1次印刷

*

印数 1—2 000 定价:10.00元

丛书编委会

主　　任　张健全
副 主 任　刘国普　戴　群
编　　委　谢　英　朱和平　李城德
　　　　　蒋春明　周　平　李阜东
　　　　　张大亮　郭　卫　刘述岩
　　　　　邱　坚　张志恒　刘玉庆
策　　划　戴　群　谢　英
执行策划　宋安利　姜立梅　黄德胡

本书编委会

主　　编　邱　坚
撰稿人　　王亚男　李　君　罗　蓓
　　　　　高景然　夏　炎　聂梅凤
　　　　　甘昌涛　王威钦

前言

国务院提出开展"质量和安全年"活动,把全面提高产品质量和安全生产水平放在了推进国家经济战略结构调整的重要位置。产品质量安全事关国计民生,涉及社会和谐的方方面面,其相关知识的普及对经济快速发展而生产技术及管理水平相对滞后的农村尤为重要。

为配合国家近年开展的"农资打假"、"清新居室"、"家电下乡"以及针对农用产品开展的各种专项整治活动宣传,我们组织常年从事农业技术推广、农产品生产销售及"家电下乡"等工作的技术专家,共同策划编写了"绿色乡村"知识问答系列图书。该丛书面向广大农民朋友,采用简明实用的问答形式,介绍农资、农产品、农民生活用品的质量安全知识及农村节能减排、质量兴农等方面的知识,旨在帮助农民朋友提高质量安全意识,转变不恰当的生产和消费模式,传播科学环保的生产生活理念,倡导有利于保护环境及生态平衡、节约资源、减少浪费等优良生产生活方式,推动我国新农村建设向着经济收入增长、生活平安健康、人与自然和谐的方向发展。

首批出版的"绿色乡村"系列图书涉及肥料、饲料、农产品、种子、农药、兽药、农业机械、家用电器、家具、建筑及装饰装修材料、农村节能减排、农业信息技术与农民致富等方面。图书编写以国家(行业、企业)标准、法律法规为依据,尊重科学。其主要内容包括与农民生活生产密切相关的商品选购鉴别方法、产品质量安全知识、科学实用技术技巧,以及消费维权常识等;设问简明实用,答案通俗易懂。

"绿色乡村"系列图书在编写过程中得到了中国质量检验协会、中国家用电器服务维修协会、浙江省农业科学研究院、山东省农业科学研究院、河北农业大学、西南林业大学等的大力支持,在此深表感谢!作为"放心农资下乡"、农资知识竞赛等活动的宣传推荐用书,我们真诚地希望能为广大农村消费者提供满意的服务。

丛书编委会

2010.8

目录

基本常识

1. 什么是家具？家具是如何分类的？ ………………… 1
2. 常用家具有哪些风格？ ………………………………… 3
3. 什么是红木家具？红木家具有哪些种类？ ………… 6
4. 什么是深色名贵硬木家具？深色名贵硬木家具有哪些种类？ ………………………………………………… 9
5. 什么样的木材适合做室内家具？什么样的木材适合做户外家具？ …………………………………………… 9
6. 什么是绿色家具？绿色家具有哪些优点？ ………… 10
7. 什么是仿古家具？ ……………………………………… 11
8. 什么是仿实木家具？ …………………………………… 12
9. 为什么同一种木材会有多个名称？ …………………… 13
10. 一般家具最适合于人体的尺寸范围是多少？ ……… 15
11. 为什么说木质家具比其他种类的家具更适用于家庭、办公环境？ ………………………………………… 17
12. 如何识别祖传老家具的价值？ ………………………… 18
13. 如何妥善保存家具用木料？ …………………………… 20
14. 什么是板式家具？板式家具有什么优缺点？ ……… 21
15. 家具用人造板有哪些种类？ …………………………… 22
16. 常见的竹家具有哪些种类？各有什么特点？ ……… 24
17. 常见的藤家具有哪些种类？各有什么特点？ ……… 25
18. 金属家具有哪些种类？ ………………………………… 26
19. 金属家具常用的材料有哪些？ ………………………… 27

I

20. 和木质家具相比，金属家具有哪些优缺点？ ………… 29
21. 常见的软体家具有哪些种类？各有什么特点？ …… 30
22. 常见的玻璃家具有哪些种类？各有什么特点？ …… 31
23. 家具常用的五金配件有哪些？分别有什么
    作用？ ……………………………………………… 33
24. 常用的家具表面涂饰漆有哪些种类？各有什么
    特点？ ……………………………………………… 34
25. 常用的家具胶粘剂有哪些种类？各有什么
    特点？ ……………………………………………… 36
26. 什么是挥发性有机化合物（VOC）？其主要来源
    与危害有哪些？ …………………………………… 38
27. 什么是甲醛？甲醛有哪些危害？ ………………… 39

选购鉴别与产品质量安全

28. 木质家具的常见质量问题有哪些？ ……………… 41
29. 市场上家具的档次有哪些？价位如何？ ………… 43
30. 怎么看懂家具检验报告？ ………………………… 44
31. 为什么购买木质家具时一定要签订合同？ ……… 46
32. 怎样区别全实木家具、实木家具和实木贴面家
    具？ ………………………………………………… 47
33. 家具业常用的商品材树种分别有哪些类别？ …… 49
34. 常见易混家具用木材树种有哪些？ ……………… 49
35. 如何鉴别木质家具的几种常用贴膜？ …………… 50
36. 如何通过感官辨别实木家具的真伪？ …………… 52
37. 木质家具造假的常用方法有哪些？ ……………… 53
38. 选择家具时有哪些常见的误区？ ………………… 55

39. 选购木质家具为什么要分地区? …………… 57
40. 木质家具的特殊气味会影响人体健康吗? ………… 58
41. 如何了解家具的甲醛释放量? …………… 59
42. 木质家具的有害物质主要包括哪些? ………… 60
43. 木质家具的表面涂饰质量该从哪几方面检查? …… 62
44. 选购板式家具应注意哪些问题? …………… 65
45. 选购和使用竹家具时应注意哪些问题? ………… 67
46. 选购藤家具时应注意哪些问题? …………… 68
47. 选购金属家具时应注意哪些问题? ………… 69
48. 真皮与人造革该如何区分? …………… 69
49. 选购皮革家具时应注意哪些问题? ………… 72
50. 选购塑料家具时应注意哪些问题? ………… 72
51. 选购玻璃家具时应注意哪些问题? ………… 73
52. 木质家具的防火质量标准是什么? ………… 74
53. 选购儿童家具时应注意哪些问题? ………… 75
54. 如何选配客厅家具? …………… 75
55. 沙发有哪些材质? 分别适合什么样的客厅风格? …………… 77
56. 如何购买布艺沙发? …………… 81
57. 如何选配卧室家具? …………… 82
58. 床垫有哪些材质? 分别适合什么样的人群使用? …………… 83
59. 如何选配书房家具? …………… 84
60. 如何区分家具用涂料的好坏? …………… 86
61. 不合格涂料产品的危害有哪些? …………… 87
62. "净味"涂料就是环保的吗? …………… 88

63. 家具用胶粘剂有毒吗? ………………………………… 90
64. 儿童家具污染有哪些? ………………………………… 90

使用方法和技巧

65. 红木家具如何保养? …………………………………… 92
66. 实木家具该分四季保养吗?分别如何保养? ………… 93
67. 木质家具如何合理清洁? ……………………………… 94
68. 木质家具如何修补与翻新? …………………………… 96
69. 木质家具如何防霉防蛀? ……………………………… 97
70. 木质家具如何防白蚁? ………………………………… 98
71. 木质家具易受潮变形,如何防护处理? ……………… 100
72. 薄木贴面家具常见表面质量缺陷有哪些?
   其解决方法是什么? ………………………………… 101
73. 对板式家具边部常出现的分层及松软现象有
   哪些处理技术? ……………………………………… 103
74. 竹家具如何防霉、防蛀、防虫? ……………………… 104
75. 竹家具的使用与保养窍门有哪些? …………………… 104
76. 制作藤家具如何进行藤条预处理? …………………… 104
77. 藤家具表面装饰方法有哪些?各方法的优缺点
   是什么? ……………………………………………… 105
78. 藤家具如何进行日常清洁与维护? …………………… 105
79. 金属家具如何保养和除锈? …………………………… 106
80. 使用玻璃家具有哪些注意事项? ……………………… 107
81. 如何防止皮革家具遭到白蚁蛀蚀? …………………… 108
82. 如何防止皮革的颜色发生变化? ……………………… 109
83. 皮革家具如何保养和清洁? …………………………… 110

84. 如何处理皮革家具的气味? ………………………… 112
85. 如何保养和清洁塑料家具? ………………………… 113
86. 使用塑料家具时有哪些注意事项?塑料家具出现问题后应如何修护? ………………………… 113
87. 如何保养和清洁布艺沙发? ………………………… 114
88. 不同材料的床垫该如何进行不同方式的清洁? … 116
89. 如何根据使用条件选择合适的家具表面装饰涂料? ………………………… 117
90. 手工涂饰家具有哪些方法?分别有什么特点? … 119
91. 如何根据使用条件选择合适的家具胶粘剂? …… 121
92. 手工制作实木家具的接合方式和装配顺序各是什么? ………………………… 123
93. 板式家具手工拆装的注意事项有哪些? ………… 125
94. 如何验收定制的木质家具? ………………………… 126
95. 怎样防止由于家具造成的衣物甲醛污染? ……… 127

消费维权

96. 在购买家具时,消费者与商家签合同时应注意些什么? ………………………… 129
97. 如何认清木质家具花哨的名字? ………………… 130
98. 新买的床三天就断了,消费者该如何维权? ………………………… 131
99. 深圳家具昆明变色,为何异地维权成本高? …… 133
100. "进口家具"惊变国产家具,消协提醒注意索要哪些相关的证明文件? ………………………… 134

案例1 自费检测甲醛超标3倍,消协调解厂商

　　　　最终"买单" …………………………………… 135
案例2　家具甲醛污染案，买家告倒销售商 ………… 137
案例3　成都市民购买知名品牌松木家具儿童房
　　　　污染严重 ……………………………………… 139

基本常识

1. 什么是家具？家具是如何分类的？

家具，就是家用器具，是指供人们维持日常生活，从事生产实践和开展社会活动必不可少的一类器具。家具是室内的主要陈设，既具有使用功能，又具有装饰功能，与室内环境构成了一个统一的整体。

它主要具有以下几个方面的特性：

①使用的普遍性。家具以其独特的功能贯穿于生活的方方面面，与人们的工作、学习、生活、交际、娱乐、休闲等活动方式密切相关，且随着社会发展、科技进步以及生活方式的变化而发展变化。

②功能的二重性。家具不仅是简单的功能性产品，还是广为普及的大众艺术品，它既满足某些特定的功能需求，又能供人观赏，使人在接触和使用过程中产生审美的快感，引发丰富的联想，既具有物质性，又具有精神性。

③文化的综合性。家具是国家或地区在特定历史时期社会生产力发展水平的标志，是生活方式的缩影及文化形态的显现。从某种意义上说，家具的类型、数量、功能、形式、风格和制作水平，包含了丰富而深刻的社会性和文化性，是物质文化、精神文化和艺术文化的综合。

家具的形式多种多样，用途各异，所用的原辅材料和生产工艺也各不相同，本书从家具的基本形式、使用场合和材料种类等几方面进行分类。

(1) 按基本形式分类

①椅凳类，如靠背椅、扶手椅、长凳等；

②沙发类，如单人沙发、实木沙发、曲木沙发等；

③桌几类，如桌子、茶几、案台等；

④柜橱类，如衣柜、床头柜、五斗柜等；

⑤床榻类，如架子床、儿童床、睡榻等；

⑥床垫类，如弹簧床垫、充气床垫、水床垫等；

⑦其他类，如屏风、花架、衣帽架等。

(2) 按使用场合分类

①民用家具，如客厅家具、餐厅家具、厨房家具、卫生间家具等；

②办公家具，如会议桌、文件柜等；

③宾馆家具，如宾馆、饭店、旅馆、酒吧等用家具；

④学校家具，如图书馆、教室、实验室、学生公寓等用家具；

⑤医疗家具，如医院、诊所、疗养院等用家具；

⑥商业家具，如商店、博览厅、服务行业等用家具；

⑦影剧院家具，如会堂、报告厅、影院等用家具；

⑧交通家具，如飞机、火车、汽车、船舶、机场、车站、码头等用家具；

⑨户外家具，如庭院、公园、人行道等用家具。

(3) 按材料种类分类

①木质家具，主要以木材或木质人造板为基材制成的家具，如实木家具、板式家具、根雕家具等；

②金属家具，主要以金属管材、线材、板材、型材等制成的家具，如钢木家具、铝合金家具、铸铁家具等；

③软体家具，主要以弹簧、泡沫塑料、海绵、布料、皮革等软质材料制成的家具，如沙发、床垫等；

④竹藤家具，主要以竹材或藤材制成的家具，如竹椅、藤椅等；

⑤塑料家具,整体或主要部件用塑料加工而成的家具,如塑料凳;

⑥玻璃家具,以玻璃为主要构件的家具,如玻璃茶几;

⑦石材家具,以大理石、花岗岩、人造石材等为主要构件的家具,如石桌、石凳等;

⑧其他材料家具,如纸质家具、陶瓷家具、橡胶家具等。

2. 常用家具有哪些风格?

(1) 古典家具风格

各个国家的历史文化和生活习惯不同,造就了不同的家具风格。英国传统式家具形成于18世纪,流传至今,仍然有一定影响,并在发展过程中形成了不同的流派,以齐彭代尔、赫普怀特、亚当兄弟及谢拉顿等5人为代表。其中齐彭代尔式家具(如图1)受哥特式、法国洛可可式以及中国明式家具的影响,以稳固耐用的造型和精细的局部透雕装饰闻名于世。

图1 齐彭代尔式梯背椅

美国联邦式家具（如图2）主要注重简洁实用和易于加工两个方面，造型轻巧质朴，柜脚一般采用曲线装饰的包角和具有内外曲线的矮厚脚型。

图2 美国联邦式家具

在众多古典家具风格中，最富盛名、影响最大的当属中国明式家具（如图3和图4），其功能、结构、造型、材质在美学和实用性上都达到了完美的统一，是中国传统家具的代名词。其特点有：①造型简练，线条匀称，显得稳重协调。②结构牢固，做工细致，榫卯结构的使用既结实又美观。③装饰精美，不落俗套。明式家具的装饰手法丰富多彩，广泛利用了珐琅、螺钿、金属、大理石等材料进行镶嵌，打破了大面积较深材色带来的沉闷感，整体色彩既朴素又活泼。④用材讲究美观耐用并重，不但表现了木材的纹理和色泽，又使家具经久耐用，有的甚至成为传家之宝，能使用上百年。

图3 描金明式家具—衣柜

图4 明式家具—桌椅

(2) 现代家具风格

①以德国"包豪斯"设计思想为理念的现代式家具。其特点是：以人体工效学为设计法则，高度重视功能性，造型简洁、结构合理。如钢管支架家具、曲木家具、板式家具都属于现代式家具，使用最为普遍。

②高技派与超高技派家具，力求以其工业化的结构表现最新材料的时代感，造型十分前卫。

③村野式家具，取材于天然材料，如树根、树桩、柳条和竹篾等，制作过程往往因材施用，造型返璞归真，自然天成，具有乡村情调。

④北欧式家具，由于追求最大限度地发挥木材本身的结构特点与自然美，造型简洁但功能实用，受到世界各国一致推崇。

⑤后现代式家具，注重个性表达，比现代家具更具人情味和艺术性；常带有古典元素，工艺设计以功能性为主。

3. 什么是红木家具？红木家具有哪些种类？

红木是当前国内红木家具用材约定俗成的统称。按照《红木》（GB/T 18107－2000）的规定，红木家具（制品）的树种和类别主要包括 5 属（紫檀属、黄檀属、柿属、崖豆属及铁刀木属）、33 种，共 8 大类（紫檀木类、花梨木类、香枝木类、黑酸枝类、红酸枝类、乌木类、条纹乌木类和鸡翅木类）。

从木材结构与材性上看，上述 8 大类红木的共同要求是，结构甚细至细，平均管孔弦向直径不大于 $200\mu m$（微米），木材较重硬，含水率为 12% 的气干密度必须大于

$0.76g/cm^3$。

在材色方面，上述 8 大类树种的心材（靠近树心的木材），指的都是经过大气变深的材色，紫檀木类为红紫色，花梨木类为红褐色，香枝木类为红褐色，黑酸枝类为黑紫色，红酸枝类为红褐色，乌木类为乌黑色，条纹乌木类和鸡翅木类以黑色为主。

（1）紫檀木类

散孔材。心材红至紫红色，久则转为深紫或黑紫。轴向薄壁组织为同心层式或略带波浪形细线。木材结构细至甚细。甚重硬，沉于水，无香气或很微弱，木刨花的水浸出液有荧光现象（在太阳光下呈蓝绿色的光）或微弱。紫檀属的树种。产于印度等热带地区。

（2）花梨木类

散孔材至半环孔材。心材主为红褐色、浅红褐色至紫红褐色。轴向薄壁组织为傍管断续波浪形及同心层式细线状。木材结构细，重或甚重，大多数浮于水。有香气或很微弱。木刨花水浸出液荧光现象显著、可见，少数不见。紫檀属的树种。产于热带地区。

（3）香枝木类

散孔材至半环孔材。心材红褐色或深红色，常带黑色条纹。轴向薄壁组织为同心层式细线状或傍管带状。木材结构细，重至甚重。辛辣气味浓郁。黄檀属树种。产于中国海南、亚洲热带地区。

（4）黑酸枝类

散孔材或半环孔材。心材栗褐色，带黑色条纹。轴向薄壁组织为同心层式细线状或窄带状。木材结构细。重至甚重,绝大多数沉于水。有酸香气或很微弱。黄檀属的树种。产于热带地区。

(5) 红酸枝类

散孔材至半环孔材。心材红褐色或紫红褐色。轴向薄壁组织为同心层式细线状或窄带状。木材结构细,重至甚重,绝大多数沉于水。有酸香气或很微弱。由于纹理交错在径切面上常形成带状花纹。黄檀属的树种。产于热带地区。

(6) 乌木类

散孔材。心材全部乌黑色。轴向薄壁组织为星散聚合状及同心层式离管细线状。木材结构细。甚重,沉于水。无香气。柿属的树种。产于热带地区。

(7) 条纹乌木类

散孔材。心材黑色或栗褐色,间有浅色条纹。轴向薄壁组织为同心层式离管细线状居多。木材结构细。甚重,绝大多数沉于水。无香气。柿属的树种。产于热带地区。

(8) 鸡翅木类

散孔材。心材黑褐色或栗褐色。轴向薄壁组织宽傍管带状或聚翼状,与深色的纤维带相间在弦切面上呈鸡翅状花纹。木材结构细至中。重量中、重至甚重。无香气。崖豆属和铁刀木属的树种。产于热带地区。

需要提醒注意的是,红木是一个专有和特定的名词,不能泛指所有色红的木材,也不包括所有的高档家具用材。在日常商贸活动中应使用紫檀、酸枝、花梨、乌木、鸡翅木等代表材质的名称,而不要使用红木这个统称。

4. 什么是深色名贵硬木家具？深色名贵硬木家具有哪些种类？

依据企业标准《深色名贵硬木家具》（QB/T 2385－2008）规定，新列出了 101 个深色名贵硬木家具树种。深色名贵硬木主要指产于热带、亚热带地区的一类材质优良的商品材的统称。总的来说，这类木材的特点有：

①材质硬重、材性稳定，其心材和边材多数区别明显。②心材具有美丽的颜色和花纹，具有优良的耐腐抗虫性，且多为散孔材或半环孔材。

在《深色名贵硬木家具》中，将所有树种分成了 3 大类。第一类主要为红木类的树种。第二类主要来自国家标准《中国主要进口木材名称》（GB/T 18513－2001），多数为名贵或优质进口木材，是目前传统家具行业已经大量使用和可供开发使用并具有相对资源保障的树种。第三类有一部分主要来源于国家标准《中国主要木材名称》（GB/T 16734－1997），主要列出的是可供企业采用的国内阔叶树种和深色名贵硬木家具装饰用材树种。总的来说，深色名贵硬木是个广义的概念，行业标准《深色名贵硬木家具》（QB/T 2385－2008）不是对国家标准《红木》（GB/T 18107－2000）的修订和扩大，这两个标准论述的对象范围不同，不能混为一谈。

5. 什么样的木材适合做室内家具？什么样的木材适合做户外家具？

家具用材要求有较大的强度，不易受温度影响而发生尺寸、体积上的变化，韧性好，硬度适宜使用但又不影响加工，木材纹理直。对于高级家具，还要求木材结构均匀细致，颜色及花纹美观，施胶和涂饰性能良好，无腐朽和虫蛀。适宜做室内家具的树种有松木、柏木、红桧、核桃楸、核桃木、水曲柳、槭树、楸树、苦楝、红椿、槐树、榉树、柚木、麻楝、南酸枣、香樟、桢楠、润楠、檫树、黄连木、紫檀、花梨木、香枝木、黑酸枝木、红酸枝木、乌木、条纹乌木、鸡翅木、铁木豆、古夷苏木、蚁木、二翅豆、木荚豆等。

对于户外家具或者其他建筑构件，在强度和耐候性上的要求更高，要耐磨损、耐腐朽、耐日晒雨淋，同时又有良好的加工性能。适宜做户外家具的树种有杉木、柏木、柚木、落叶松、香樟、子京、红椿、梓树、柞木、水曲柳、白蜡树、槭树、桑树、麻栎、榉树、槐树、非洲楝等。

6. 什么是绿色家具？绿色家具有哪些优点？

绿色家具是指以环境保护为核心理念而开发、设计的家具产品，以及可以拆装、分解、重新组合、零部件、原材料可以循环使用的家具产品。也就是说，在产品的整个设计、制造、运输、销售、使用和废弃处理过程中，着重考虑产品的可拆卸性、可回收性、可保护性和可重复利用性，并将其作为设计目标，在满足环境目标要求的同时，保护产品应有的功能、使用寿命、质量等。因此，所谓绿色家具应是将绿色设计、绿色材料、绿色生产、绿色包装、绿色营销结合在一起的综合体现。

绿色家具具有以下几个特点：

①设计的科学性。设计符合人体工程学原理,减少多余功能,在正常和非正常使用情况下,不会对人体产生不利影响和伤害,具有科学性。

②材料的环保性。材料的选择均要符合有关环保标准的要求,尽量做到材料的减量利用、重复利用、循环利用和再生利用,使家具用材实现多样化、环保化。

③生产的清洁性。在家具生产中尽量做到节能省料,并尽可能地延长产品的使用周期,让家具更耐用,从而减少再加工过程中的能源消耗。

④包装的安全性。在包装上则要选择洁净、安全、无毒、易分解、少公害、可回收的材料。

⑤使用的可靠性。在使用过程中,没有危害人类健康的有害物质或气体出现,即使不再使用,也易于回收和再利用。

7. 什么是仿古家具?

中国古典家具的古韵深受世人的赞叹与青睐。从1000多年前的唐代开始,家具便被广泛的使用,于五代时期有了进一步发展,进入宋代,家具无论从种类、造型、制作及材料方面都已进一步的完善,形成了质朴、简洁的特色。而明代家具是中国古典家具的代表,无论从选料、工艺、功能还是装饰艺术等方面都达到了历史上的最高水平。

仿古家具与原件有很大区别。古董家具是指家具本身至少应有80%的完整性,若是修复程度超过20%,就应视为仿古家具。仿古家具脱胎于古典家具,在技法、工具上有所创新,一般情况下可以理解为仿古家具是模仿古典家具的型、艺、材、韵而制成的家具。"型"是指家具造型上呈现出来的整体艺术风格;"艺"是指在制作古典家具时所采用的技艺手法,比如榫卯结构、雕饰技艺;"材"是指制作家具时使用的材质,通常是珍稀的上等木材,这些木材质量重,密度高,一般都经久耐用;"韵"是指在型、艺、材相互辉映的情况下所展现出的独特风格与气韵。

仿古家具有三种制作方式。

①老料新作。这种方式下制作的家具常常被误作为原件,因为即使原作损坏颇多,但由于用于修补损坏部分,如座面、背板等的材料都是同质的老材料,因此相似度极高,价钱也相对比较贵。

②零件拼合。用不同老家具的零残配件,拼凑成一个新形态的家具。虽然看起来都是老材料,但因为是拼凑而成,可能比例不对,已失去古家具的基本形态,其本质上就是仿古了。

③新料新作。这类家具从形体或木料上都不难辨别,其价位可高可低,可视为具有古意的新家具。

8. 什么是仿实木家具?

实木家具是指所有用材都是未经再次加工的天然木质材料,不使用任何人造板制成的家具。实木家具的形式有很多,其中一种是纯实木家具,即家具的所有用材都是实木,包括桌面、衣柜的门板、侧板等,不使用其他任何形式的人造板。纯实木家具对工艺及材质要求很高,对实木的选材、烘干、指接、拼缝等技术要求都很严格,如果哪一道工序把关不严,会出现开裂、结合处松动等现象,甚

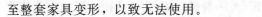

至整套家具变形,以致无法使用。

仿实木家具从外观上看是实木家具,木材的自然纹理、手感及色泽都和实木家具一样,但实际上是实木和人造板混合制成的家具,例如侧板、搁板等使用薄木贴面的刨花板或中密度纤维板,门和抽屉则采用实木,这种工艺节约了木材,也降低了成本。要提防奸商拿仿实木家具冒充实木家具。

购买实木家具,最容易踏入用低档木冒充高档木的陷阱,所以要货比三家。购买时要打开家具柜门、抽屉,观察木质是否干燥、洁白,质地是否紧密、细腻。实木家具表面一般都能看到木材真正的纹理,偶有树结的表面也能体现出清新自然的材质。因其天然、无化学污染,所以既时尚又健康。

9. 为什么同一种木材会有多个名称?

(1) 木材的俗名(或一般名称、商品名)

木材和其他物件一样,各有其名称,人们根据自己的认识给各种木材以不同的名称。例如,松木、杉木、柏木、杨木、槭木、桦木、枫木、榆木、椴木等。在日常生活和生产实践中,这样的木材名称可称为俗名或一般名称、商品名。但这种木材名称容易产生混乱,常常会出现一种木材在这个地方叫这个名字,而在其他一些地方叫另外的名字,甚至一种木材在同一个地方也有几个或多个名称。例如,枫杨在全国各地就有多达十几种的不同名称。又如,湖南叫梓树,广西叫枫荷桂,广州叫椰沙,广东叫擦树,其实它的拉丁学名都一样,是同一种木材,这种现象叫做木材的同物异名。另一种情况是同名异物，例如，在陕西秦岭地区群众将铁杉叫做枣木，但这和鼠李科的结大枣的枣木是完全不同的两种树木。又如，酸枣在南方各省区是指漆树科的一种树木，而在北方各省区酸枣则是指鼠李科的另一种树木。这些混乱现象都会给木材的识别、生产、流通和合理利用带来困难和复杂性。

（2）木材标准名称

由有关学会或科研单位会同企业根据一般俗称、学名、商品名和其他名称或特征，将繁多的木材依其特征，分析比较，简化归类，或经有关部门反复讨论批准施行的木材名称标准，如地方标准或国家标准。标准名称不论对生产流通还是科学研究都十分重要，尤其是我国目前国产材和进口材种类繁多而名称混乱的情况下，推广使用木材标准名称的重要性更为显著。制定木材标准名称的目的是促进科学技术和生产的发展，木材标准名称具有权威性和法律效力。

（3）木材科学名称（简称学名，又称植物学名称）

一般采用拉丁文书写，木材学上所用的拉丁学名是借用植物分类学家所拟定的植物名称，是按《国际植物命名法规》以双名法为主的命名法。所谓双名法是以两个拉丁词来命名的方法，第一个词为属名，第二个词为种加词（一般常称为种名）而确定的各种植物的名词。

目前市场上木材名称仍然以俗名或一般名称，或是商家自定的商品名以及音译名称为主。随着国家标准化进程的不断推进，这些标准名称在生产、流通中应用将会越来越广泛。木材的学名在科学研究和国际贸易中有广泛的应用。

10. 一般家具最适合于人体的尺寸范围是多少？

坐和卧是人们日常生活中最多动的姿态，如工作、学习、用餐、休息等都是在坐卧状态下进行的。因此，椅、凳、沙发、床等坐卧类家具的作用就显得特别重要。一般工作用坐具的主要用途是既可用于工作，又利于休息。

坐高，是指坐面与地面的垂直距离，适宜的坐高应当等于小腿腘窝高加上（25～35）mm 的鞋跟高后，再减（10～20）mm 为宜，若是休息用椅，坐高宜取（330～380）mm 较为合适。

坐深，是指坐面的前沿至后沿的距离，一般来说工作用椅选用（380～420）mm 的坐深是适宜的。而休息椅多采用软垫，坐面和靠背均有一定程度的塌陷，所以坐深可以适当的放大，轻便沙发的坐深可在（480～500）mm，中型沙发的坐深在（500～530）mm。

坐宽，根据人的坐姿及动作，椅子的坐面往往呈前宽后窄，前沿宽度称坐前宽，后沿宽度称坐后宽。一般靠背椅的坐宽不小于 380mm 就可以满足使用功能的需要。对于扶手椅来说，要按人体平均肩宽尺寸加上适当的扶手余量，一般不小于 400mm。而对于休息用座椅，坐面宽一般在（430～450）mm。

卧具主要是床和床垫类家具的总称。卧具是供人睡眠休息的，使人躺在床上能舒适的尽快入眠，以消除每天的疲劳，便于恢复工作精力和体力。床的宽窄直接影响人睡眠时的翻身，通常单人床的床宽为仰卧时人肩宽的 2～2.5 倍，双人床的床宽为仰卧时人肩宽的 3～4 倍。床的长度是指两头床屏板或床架内的距离,国家标准《家具床类主要尺寸》(GB/T 3328—1997)规定成人用床的床面净长一般为1920mm。床高即床距地面的高度,一般取(400～500)mm。双层床的下床铺面离地面高度不大于420mm,层间净高不小于950mm,以满足下铺使用者就寝和起床时有足够的动作空间。

凭椅类家具主要指的是各种桌子,如坐式用桌子和站立用桌子。通常坐式用桌的桌高可根据人体的不同使用情况作适当的调整,桌高等于坐高加上桌椅高差。如在桌面上书写,桌椅高差等于1/3坐高减(20～30)mm,国标中规定的桌椅高差是(250～320)mm。桌面尺寸应以人坐时手可达到的水平工作范围为基本依据,并适当考虑桌面可能放置物品的性质和尺寸大小。如阅览桌、课桌等用途的桌面,最好有15°的斜坡,而餐桌、会议桌之类,舒适的宽度是按(600～700)mm来计算的,通常也可缩减到(550～580)mm的范围。

对站立桌而言,站立用工作台的高度以(910～965)mm为宜,对于要用力的工作而言,台面可稍降低(20～50)mm。台面尺寸没有统一的规定,视不同的使用功能做专门设计。

储藏类家具是收藏、整理日常生活中的器物、衣物、消费品、书籍等的家具。根据存放物品的不同,可分为柜类和架类两种不同的储存方式。通常储藏类家具的高度根据人存放方便的尺度来划分,可分为三个区域。第一区域为从地面至人站立时手臂下垂指尖的垂直距离,即650mm以下的区域。第二区域为以人肩为轴,从下垂手指尖至手臂向上伸展的距离,也就是上半肢活动的垂直范围,高度在(650~1850)mm,该区域是存取物品最方便、使用频率最多的区域,也是人的视线最容易看到的区域。若需扩大储存空间,节约占地面积,则可设置第三区域,即柜体1850mm以上的区域,一般可放置柜、架,存放较轻的过季性物品。在宽度与深度方面,一般柜体的宽度常用800mm为基本单元,深度上,衣柜为(550~600)mm,书柜为(400~450)mm,这些尺寸是综合考虑储存物的尺寸与制作时板材的出材率等的结果。

11. 为什么说木质家具比其他种类的家具更适用于家庭、办公环境?

①木材具有良好的视觉特性。木纹赋予木材华丽、优美、自然、亲切等视觉感受。木纹具有柔和的表面光泽特性,有的还具有丝绸般的视觉效果。木材可以吸收阳光中的紫外线、反射红外线,有保护视力的作用。室内木材使用率的高低与人是否感觉到温暖、安全、舒畅有密切关系。

②木材具有良好的触觉特性。木材及木质人造板给人的感觉温和,软硬程度和光滑程度适中,能给人适宜的刺激,引起良好的感觉,进而调节人的心理健康。

③木材具有空间调湿性能。当室内环境的相对湿度发生变化时,木质的家具或室内装饰材料可以相应地从环境中吸收或释放水分,从而起到缓和湿度变化的作用。与混凝土、塑料等材料等材料相比较,木材具有优良的吸放湿特性,因而具有明显的湿度调节功能。

④木材具有良好的声学性质。木质家具和室内装饰材料可以使得声音在传播过程中更加柔和，比混凝土、砖等结构的室内感到安静，在交谈时声音清晰，且有良好的隔音效果。

⑤木材具有良好的力学性能。木材有一定的弹性和变形能力，让人有舒适感；在受到外力冲击时可以产生一定的回弹，让人有安全感。

综上所述，木质家具更加适合于家庭和办公环境使用。

12. 如何识别祖传老家具的价值？

随着经济的发展，一些年代久远、颇具收藏价值的老家具成为古玩爱好者的"眼热之物"，升值空间相当大。在一些乡村，时常会出现收购祖传老家具的人。如果把家具作为一种收藏品，那么它的价值就不仅和年代有关，还牵涉到年代、材质、稀有性、完整性及造型品相等。那么，如何判断自家的祖传家具有没有收藏价值呢？

（1）年代

通常年代越久的木材越好，然而必须保存完整，尚有应用价值，可供发掘整理后重新登堂入室。它们的质地与表色，都应该是一种文化品位的象征。不同的年代有不同的艺术特征，价值当然也不一样。明代家具作为中国古典家具的巅峰，其价值最高。自明代起直到清末民初的家具，在市场上都有很高的身价。

（2）材质

木材材质优劣通常的排列顺序是：一黄（黄花梨），二黑（紫檀），三红（老红木、鸡翅木、铁力木、花梨木等），四白（楠木、榉木、樟木、松木等）。另外，也有人将材质分"硬木类"与"软木类"。硬木类要优于软木类，包括花梨木、紫檀木与老红木等；软木类则泛指白木类。紫檀、黄花梨、铁力木、鸡翅木、乌木等硬家具已经存世很少，而且国家法令禁止出口；紫檀木、黄花梨家具简直可以卖到天价。就白木家具来说，榆木、柏木、杉木、核桃木等材质的民间家具，也是市场上的宠儿。从老房子上拆下来的老榆木房梁制作的家具就相当紧俏。

（3）门类

一般来讲，家具可分为厅堂家具、书斋家具与卧房家具。其中艺术价值最高的是厅堂家具，其次是书斋家具，卧室家具因为它们藏于内房，以实用性居上，艺术性也较差。除上述三类外，还有一类"闺房家具"值得重视，例如贵妃榻、鼓桌、鼓凳、香几、琴桌等。

（4）完整性

是否残缺，是否填过部件（行话称为"扒散头"），是否有腐朽虫蛀，是否进行过翻修，这些都是影响老家具价值的要素。但是，在老家具上，如果有个别旧部件和装饰是完好的，那么这部分完好的部件也具有收藏价值，可以视具体情况拆卸保存，以免继续受到腐朽虫蛀。

（5）造型品相

所谓造型品相包括两个方面，一是家具的结构与造型，二是家具表面的装饰工艺，例如雕刻、镶嵌、打磨等。打磨是否到位常常是判断一件家具优劣的重要因素。品相是直接造就器物文化内涵的因素，例如以线条为主要造型手段的明式家具，它体现的是古朴、洗练与典雅的风采。

13. 如何妥善保存家具用木料?

木材是易于遭到菌害、虫害、火灾和水灾的材料,因此对木材进行合理的保管非常重要。通常情况下,库存木料所要求的保管方法,因树种、用途、气候条件和保管期限等因素的不同而有所不同,主要有以下三种:

(1) 干存法

是在短时间内使木材含水率降到20%以下的保管方法,它是针叶材的主要保管方法之一,对于易开裂的原木进行干存时,需要在端面涂上保湿涂料。原木在采用干存法保管时,都需要先剥皮,然后立即堆成干燥楞。先在地上铺设两层原木作为楞腿,然后逐层放置原木,原木间留有一定的空隙,便于空气流通,每层原木间用垫木隔开。

(2) 湿存法

是使所保管的木材保持很高含水率的方法,以避免原木的菌害、青皮、虫害和裂纹等缺陷的发生。湿存法保管原木需要堆成较大的密实的楞堆并定期浇水。但是对已经气干或已经被感染菌害和虫害的原木,和易开裂的原木则不应采用湿存法。

(3) 水存法

也称浸水保存法,是把原木浸在水中,使木材内保持高含水率,以防止原木发生菌害、虫害和开裂的保管方法。水存法保管原木可选择直接在水池中堆垛也可选择扎成木排让其沉没水中浮于水面的材料仍要定期浇水,但湿霉程度大和易开裂的木材不宜采用水存法。

14. 什么是板式家具？板式家具有什么优缺点？

板式家具是用连接件、圆棒榫等接合人造板（如纤维板、刨花板、细木工板）而成的一类家具。这种家具有以下优点：

①价格实惠。一些做工优良、样式新颖的进口板式家具价格可能远远超过做工粗糙的实木家具价格。一般板式家具可节约木材10%，又可采用新的生产工艺，提高生产效率，而且人造板材基本都是以木材的剩余物、人工速生丰产林等为原材料，保护了有限的自然资源，因此价格要比天然木材便宜。

②可拆卸。板式家具部件的结合通常用五金连接件组合，搬动时能够拆卸再装，加工精度高的家具可以多次拆卸安装，方便运输。

③造型富于变化。因为具有多种贴面，颜色和质地方面的变化可给人各种不同的感受。在外形设计上也有很多变化，可以做出实木绝对不能完成的造型，线条柔和、流畅，棱角少，且有棱角的部位用了45°磨圆处理，更安全，具有个性。

④不易变形，质量稳定。因为板材打破了木材原有的物理结构，所以在湿度变化较大的时候，人造板的"形变"要比实木小得多。因此，人造板家具的质量要比实木家具的质量稳定。

板式家具的缺点：

①质量不一。有些厂商以刨花板等材料生产，而贴面又没有将其全包上的话，易释放对人体有害的甲醛。使用

甲醛超标的人造板生产的家具，会造成室内环境的污染。消费者在购买时要注意，可打开柜门或抽屉闻一下，如果有强烈的刺激气味，则多属甲醛超标，不宜购买。

②缺乏自然感。因为一般板材采用的是一条条的木薄片贴面，因此花纹上会有重复感，有的板材直接贴纸，印刷的木纹常显做作，有的家具表面涂刷瓷漆，也就使得家具缺乏自然木材的视触觉。

③使用寿命较短。板式家具主要采用五金件连接，连接部位少，接触面也小，尤其是一些劣质刨花板内结合强度低，造成连接的强度较低，耐久性也差。

15. 家具用人造板有哪些种类？

人造板是以木材或其他植物纤维为原料，通过专门的工艺过程加工，施加胶粘剂或不施加胶粘剂，在一定的温度、压力条件下制备而成的板材或型材。人造板极大地提高了木材的利用率，人造板对木材资源的高效合理可持续利用具有重要意义，目前人造板已成为家具生产和室内装饰的最重要的材料之一。

家具制造使用的人造板主要有胶合板、刨花板、中密度纤维板三大类，在人造板领域简称"三板"。制造"三板"的原料分别是单板、刨花和木材纤维，因其差异较大，所以用途也各不相同。"三板"根据其结构、制造工艺和用途的不同可以分为很多人造板品种，如胶合板根据用途不同可以分为结构用胶合板和装饰用胶合板，在室内装饰和家具中都很常见。属于刨花板类的定向刨花板（英文简称OSB），是一种发展很快的人造板种类，可以应用于很多地方；属于纤维板类的中密度纤维板（英文简称MDF）和高密度纤维板（英文简称HDF），前者主要用于家具生产，后者则主要用于强化木地板的基材。下面分别介绍"三板"的概念、主要产品种类和用途。

(1) 胶合板

由木段旋切成单板或由木方刨切成薄木，再用胶粘剂胶合而成的三层或多层的板状材料，通常用奇数层单板，并使相邻层单板的纤维方向互相垂直胶合而成的人造板。胶合板基本单元是单板，因此其保留了木材的天然纹路、色泽，并具有很高的强度，是较好的家具和室内装饰用材料。市场上的胶合板按用途一般分为两类，一类是普通胶合板，用于家具的背板、装修的底板，其原材料一般是松木、杨木等；另一类是装饰单板贴面胶合板，是用天然木质装饰单板贴在普通胶合板上制成的人造板，装饰单板是用优质木材经刨切或旋切加工方法制成的薄木片，装饰单板贴面胶合板是家具与室内装修最常使用的材料之一。

(2) 刨花板

由木材或其他木质纤维素材料制成的碎料，施加胶粘剂后在温度和压力作用下胶合成的人造板。刨花板的种类很多，是板式家具的主要原料之一，刨花板与纤维板相比，其优点是生产过程中，能耗低、用胶量较小，对木材的利用率也较高，因此较为低碳环保。2000年以来，刨花板的发展有所恢复与它具有的这些特征有较大关系。其不足在于板材基本单元为颗粒状结构，不易于铣型，在裁板时容易造成板面缺陷，即刨花板的加工性能不如纤维板，不宜现场制作和施工。目前，有一种新型的刨花板，定向刨花板具有良好的力学和环保性能,加工性也有很大提高,可以用于不同的地方,是一种应用广泛的人造板材料。

(3) 纤维板

是以木材或其他植物纤维为原料,经纤维分离、施加胶粘剂,在温度和压力作用下压制而成的人造板。纤维板的基本原料单元是植物纤维,因此组织结构均匀,密度适中,板面十分平滑,适合于各种表面处理和加工,特别是边部加工性能优于刨花板,适合边部的造型加工,因此中密度纤维板一出现就很快占据了室内用板式家具的大半部分市场。高密度纤维板是指板材密度大于 $850kg/m^3$ 的纤维板,一般应用于地板基材。

无论中密度纤维板还是刨花板,制作家具时都需要进行饰面处理,一般的饰面处理是在纤维板和刨花板的表面贴装饰的纸张或薄木。

其他常用的木质人造板还有细木工板(俗称大芯板)。

16. 常见的竹家具有哪些种类?各有什么特点?

常见的竹家具有以下两大类。

(1) 圆竹家具

以竹材竿茎为主要零部件(如竹椅的腿),并利用竹竿弯折和辅以竹片、竹条、编排而制成的一类家具,其类型以椅子、桌子为主。此类家具直接利用竹材的天然结构,在我国生产历史悠久,成本也较为低廉,目前依然是竹家具的重要组成部分。

(2) 竹人造板家具

竹人造板家具是以竹材人造板为原料生产的竹家具,

主要有竹集成材家具、竹重组材家具和竹材弯曲胶合家具等多种。利用竹材的集成材（竹材剖削成规格竹条，然后侧面在加压下粘接而成的竹板材）或竹重组材为原料制成的家具，这种家具从材料的外形上已看不到竹材圆的竿茎，但家具表面依然可以看到竹材的材色和纹路特征，触感也保留。根据竹家具的结构不同，竹人造板家具可以分为竹框式家具和竹材板式家具。

17. 常见的藤家具有哪些种类？各有什么特点？

藤家具按照藤材材料结构的不同可以分为以下几类。

（1）藤皮家具

是指家具表面主要是以藤皮为原料加工而成的家具，家具的骨架式原藤条，剖削的藤皮经编织后包裹家具的部分表面，如藤椅的椅背和椅面，从家具表面看与竹编家具有一定的接近，根据不同的编织方法可以制造出不同的视觉效果。这种家具是传统藤家具的主要类型。

（2）藤芯家具

是指家具表面主要是以藤芯为原料加工而成的家具，一般是以藤条或木材为骨架，以藤芯为编制材料制备而成的，是目前市场上高档藤家具的主流，其特点是家具机理立体感强，对藤材材质的体现非常充分，充分体现藤家具的独有质地特色，经过漂白、涂饰等深加工后可以制备出风格鲜明的高档家具。常见有藤椅、藤沙发、藤茶几、摇椅等。

（3）原藤条家具

用原藤条直接加工成的家具，风格粗犷，具有浓郁的田园和旷野气息,其结构和细部的处理受材料的限制变化较少。常见的有摇椅、花架等。

(4) 藤材与其他材料的复合家具

以藤材结合木材、竹材、金属、玻璃、塑料等材料制造的家具,一般利用藤材柔韧性强的特点制作家具中曲率较大的装饰性构件,用木材、金属等制作承重构件,玻璃做桌面材料等,充分发挥各类材料的优点,制作具有藤艺风格的家具,这类家具种类繁多,并有较好市场前景。

18. 金属家具有哪些种类?

以金属管材、板材或钢材等作为主架构,配以其他材料而制成的家具或完全由金属材料制作的铁艺家具,统称金属家具。钢木家具是金属家具中的一个种类。金属家具可以很好地营造家庭中不同房间所需要的不同氛围,使得家居风格多元化和富有现代气息。金属家具还具有个性突出、色彩丰富、品种多样、可以折叠、外表美观、物美价廉等特点。

现代金属家具的主要构成部件大都采用各种优质薄壁碳素钢管材、不锈钢管材、钢金属管材、木材、各类人造板、玻璃、石材、塑料、皮革等。对于其所用金属材料,可通过冲压、锻、铸、模压、弯曲、焊接等加工工艺做成各种造型;用电镀、喷涂、敷塑等主要加工工艺进行表面处理和装饰;其连接通常采用焊、螺钉、销接等多种连接方式组装、造型。

金属家具的结构形式多种多样,有拆装、折叠、套叠、插接等,可采用焊、铆、螺钉、销接等多种连接方式,所以大大丰富了金属家具的造型。由于金属材料不会因气候变化而变形开裂，易于提高构件的加工制造精度，使金属构件、辅助零部件、连接件可以分散加工，互换性强，有利于实现零部件的标准化，而且富有灵活性。如拆装式的金属家具，其零部件可拆卸，便于镀涂加工；折叠式的体积可以缩小，利于运输，减少费用等。

金属家具种类多样，市场上销售的金属家具可分为四类：

①玻璃与不锈钢管组合的家具；

②以钢管为主的折叠床、折叠沙发；

③用于户外的铁艺家具；

④多功能架，可以加工成书架、多宝格、床头柜等。

19. 金属家具常用的材料有哪些？

现代金属家具的主要构成部件大都采用各种优质薄壁碳素钢管材、不锈钢管材、钢金属管材、木材、各类人造板、玻璃、石材、塑料及皮革等。下面简单介绍其常用金属材料。

（1）普通钢材

钢是由铁和碳组成的合金，其强度和韧性都比铁高，因此最适宜于做家具的主体结构。钢材有许多不同的品种和等级，一般用于家具的钢材是优质碳素结构钢或合金结构钢。常见的有方管、圆管等。其壁厚根据不同的要求而不等。钢材在成型后，一般还要经过表面处理，才能变得完美。

（2）不锈钢材

在现代家具制作中使用的不锈钢材有含13%铬的13不

锈钢，含18％铬、8％镍的18－8不锈钢等。其耐腐蚀性强、表面光洁程度高，一般常用来做家具的面饰材料。不锈钢的强度和韧性都不如钢材，所以很少用它做结构和承重部分的材料。不锈钢并非绝不生锈，故保养也十分重要。不锈钢饰面处理有光面（或称不锈钢镜）、雾面板、丝面板、腐蚀雕刻板、凹凸板、半珠形板和弧形板。

(3) 铝材

铝属于有色金属中的轻金属，银白色，相对密度小。铝的耐腐蚀性比较强，便于铸造加工，并可染色。在铝中加入镁、铜、锰、锌、硅等元素组成铝合金后，其化学性质变了，机械性能也明显提高。铝合金可制成平板、波形板或压型板，也可压延成各种断面的型材。表面光滑，光泽中等；耐腐性强，经阳极化处理后更耐久。常用于家具的铝合金，成本比较低廉，其由于强度和韧性均不高，所以很少用来做承重的结构部件。

(4) 铜材

铜材在家具中的运用历史悠久，应用广泛。铜材表面光滑，光泽中等、温和，有很好的传热性质，经磨光处理后，表面可制成亮度很高的镜面铜。铜常被用于制作家具附件、饰件。由于其金黄色的外表，使家具看上去有一种富丽、华贵的效果。铜材长时间可生绿锈，故应注意保养，定期擦拭。常用的铜材种类有：

①纯铜，性软、表面平滑、光泽中等，可产生绿锈。

②黄铜，是铜与亚铝合金，耐腐蚀性好。

③青铜，铜锡合金，常表现仿古题材。

④白铜，含9％～11％镍。

⑤红铜，铜与金的合金。

金属家具的优越性使其在近现代的家具市场中占有很大份额，其中有全金属制品和金属与其他材质的混合制品，可以说是琳琅满目，品种繁多。在混合制品中最常见的有钢木混合家具、钢与皮革混合座椅、钢与塑料混合以及钢与玻璃混合家具等。

20. 和木质家具相比，金属家具有哪些优缺点？

（1）金属家具的优点

①极具个性风采。现代金属家具的主要构成部件大都采用厚度为（1～1.2）mm 的优质薄壁碳素钢不锈钢管或铝金属管等制作。由于薄壁金属管韧性强，延展性好，设计时尽可依据设计师的艺术匠心，充分发挥想像力，加工成各种曲线多姿、弧形优美的造型和款式。许多金属家具形态独特，风格前卫，展现出极强的个性化风采，这些往往是木质家具难以相比的。

②色彩选择丰富。金属家具的表面涂饰可以各式各样，可以是各种靓丽色彩的油漆喷涂，也可以是光可鉴人的镀铬；可以是晶莹璀璨、华贵典雅的真空氮化钛或碳化钛镀膜，也可以是镀钛和粉喷两种以上色彩相映增辉的完美结合。

③门类品种多样。金属家具的门类和品种十分丰富，适合在卧室、客厅、餐厅中使用的家具一应俱全。这些金属家具可以很好地营造家庭中不同房间所需要的不同氛围，能使家居风格多元化和富有现代气息。

④具有折叠功能。金属家具中许多品种具有折叠功能，

不仅使用起来方便，还可节省空间，使面积有限的家庭居住环境相对地宽松、舒适一些。

⑤具有美学价值。近两年在国内崭露头角的铁艺家具融中西古典神韵于貌似粗犷的风格之中，典雅古朴又不失现代气息，颇具艺术鉴赏价值及美学价值，为当今的家具市场增添了一道别致的风景。

⑥货品物美价廉。金属家具价格比实木的木质家具要低廉不少，这对一般家庭来说，可谓是物美价廉。

（2）金属家具的缺点

金属板色彩以冷色调为主，有"冰冷"的感觉，缺乏家庭温馨感且容易变形，稍微碰撞后就容易留下凹槽状的坑点，划伤较难修复。

21．常见的软体家具有哪些种类？各有什么特点？

目前，市场上的软体家具按弹性材料的不同，可分为螺旋弹簧、蛇簧、底带、海绵、混合型等软体家具。其中螺旋弹簧软体家具主要用螺旋形弹簧制成，蛇形软体家具主要用蛇簧和泡沫塑料制成，底带软体家具主要用底带和泡沫塑料制成，泡沫塑料软体家具主要用泡沫塑料制成，混合型软体家具主要用螺旋形弹簧、蛇簧、底带、泡沫塑料等多种材料制成。

按所包覆的面料不同，可将软体家具分为皮革、人造革、布艺等。皮革软体家具的面料为动物皮革，人造革软体家具的面料为人造革，布艺沙发的面料为毛、麻、棉、化纤等纺织品。

按制作软体家具的骨架材料不同，可分为木骨架、金属骨架、无骨架的软体家具。木骨架软体家具是以木质材料为骨架的软体家具，金属骨架软体家具是以金属材料或以金属与木材为骨架的软体家具，无骨架软体家具即内部没有骨架，而以泡沫材料直接发泡成型的软体家具，包括充气和充水家具。

软体家具性质柔软，富有弹性，表面装饰色彩丰富，面料丰富，变化多样，更换方便，坐感舒适，特别适宜制作座、卧类家具，是现代客厅、卧室必不可少的室内陈设。合理的软体家具能使使用者减轻工作中的疲劳，得到充分的休息，又因软体家具采用了各种覆面材料和软垫材料，所以给人以舒适、柔软、华丽、美观的感觉。其中以做工精细的螺旋弹簧家具为最好，使用舒适，透气性好，没有污染，属环保型家具。充气、充水家具虽可方便地控制其弹性，但因有充满空气或水的塑料（或橡胶）袋，透气很差，若作为床垫会有损人体健康。泡沫塑料家具虽价格便宜，随着使用时间的延长，其弹性会逐步降低，直到完全消失，其有害挥发物也较多，若不幸着火燃烧，会产生致命的烟尘。

22. 常见的玻璃家具有哪些种类？各有什么特点？

目前，市场上流行的玻璃家具品种越来越多，主要有钢化玻璃家具、彩绘玻璃家具、刻花玻璃家具、喷砂玻璃家具和花岗岩玻璃家具。

过去的玻璃主要由含二氧化硅的普通玻璃制成。由于普通玻璃硬而脆，而且只能添加各种透明色制成茶色玻璃、淡墨色玻璃、钴蓝色玻璃，所以普通家具不仅易碎，而且颜色单调。现在的玻璃家具通透性强、颜色丰富、新颖时尚，再加上流畅的造型和喷涂出来的图案，显得分外华丽。

（1）钢化玻璃家具

钢化玻璃由经过热处理的钢化玻璃制成。它不仅透明度比普通家具高4～5倍，犹如水晶般清澈迷人，而且它的环保性、安全性、耐高温性、弹性、耐冲击性、热稳定性都优于普通玻璃，完全能承受和木制家具一样的重量，用作家具玻璃，不容易刮伤人，也不容易破碎，既美观又安全。

（2）彩绘玻璃家具

彩绘玻璃家具不仅色彩透明、花纹丰富亮丽、图案如镶嵌般五彩缤纷，而且极富现代感。但由于彩绘玻璃家具硬性隔断功能不强，不能承托重物，因此是目前家居装修中较多运用的一种装饰玻璃。

（3）刻花玻璃家具

刻花玻璃家具由电脑设计图案，高精度雕刻而成的花纹简洁明快、形态逼真、极富艺术特色，既能表现玻璃的质感，又衬托出了家具的华贵典雅，是装饰客厅的不错选择。

（4）喷砂玻璃家具

喷砂玻璃家具由艺术经过艺术喷砂的玻璃制成，它半透明的材质朦朦胧胧之美感无形中拓宽立体空间，给人美好的感受，为居室倍添温馨与浪漫。温馨的卧室、风景宜人的小阳台放置喷砂家具都很不错。

（5）花岗岩玻璃家具

花岗岩玻璃家具由豪华的仿石材花岗岩玻璃制成，既大气雅致又易于清洁,高贵之气浑然天成,该材质的家具适合用于卫生间和厨房。

玻璃家具相比传统家具,样式更大胆前卫,功能更趋于实用;相比木材家具不会受室内空气的影响,不会因湿度不宜而变形;相比布艺和皮质,清理更加容易,占用空间小;相比塑料,更安全环保,无污染、无辐射;玻璃家具的造型简洁时尚,更是相比其他产品的优势所在。

23. 家具常用的五金配件有哪些?分别有什么作用?

家具常用的五金配件按结构分为铰链、连接件、抽屉滑道、移门滑道、脚套、支脚、翻门吊撑(牵筋拉杆)、拉手、锁、插销、门吸、挂衣棍承座、滚轮、嵌条、螺栓、木螺钉、圆钉等。其中,铰链、连接件和抽屉滑道是现代家具最普遍使用的三类五金配件,因而常常被称为"三大件"。

①铰链。主要是柜类家具上柜门和柜体的活动连接件,用于柜门的开启和关闭。按构造的不同,又可分为明铰链、暗铰链、门头铰等,其中,明铰链又称为合页,安装时合页部分外露于家具表面,影响外观;暗铰链安装时完全暗藏于家具内部而不外露,使家具表面清晰美观和整洁;门头铰安装在柜门的上下两端与柜体的顶底结合处,使用时也不外露,可保持家具正面的美观。

②连接件。是拆装式家具上各种部件之间的紧固构件,具有多次拆装性能的特点。

③抽屉滑道。主要用于是抽屉(含键盘搁板等)推拉

灵活方便，不产生歪斜或倾翻。

④脚轮。包括滚轮和转脚，两者都装在家具的底部滚轮可以使家具向各个方向移动；转脚则是使家具向各个方向转动。目前，常将两者结合在一起制成万向轮。脚座包括支脚和脚套（脚垫）。支脚是家具的结构支承构件，用于承受家具的重量，支脚通常含有高度调整装置，用于调整家具的高度与水平；脚套或脚垫套于或安装于各种家具腿脚的底部，减少其与地面的直接接触和摩擦，同时还可增加家具的外形装饰作用。

⑤拉手。各种家具的柜门和抽屉，几乎都要配置拉手，除了直接完成启、闭、移、拉等功能要求外，拉手还具有重要的装饰作用。

⑥螺钉。螺栓与圆钉，螺钉和螺栓一般用于五金件与木制家具构件之间的拆装式连接。圆钉在木家具生产中主要起定位和紧固作用。

⑦装饰嵌条。一般采用铝合金、薄板条、塑料等材料制成，主要镜框、表面家具、各种板件周边的镶嵌封边和装饰。

24. 常用的家具表面涂饰漆有哪些种类？各有什么特点？

常用的家具表面涂饰漆可分成六大类，即硝基涂料（NC）、聚氨酯涂料（PU）、不饱和聚酯树脂涂料（UPE）、紫外光固化涂料（UV）、酸固化涂料（AC）及水性涂料（W）。其中前两种是按成膜物质来命名的，后四种命名指出了这些品种最大的特点：PU涂料、AC涂料及UV涂料因为聚氨基甲酸酯、弱酸及 UV 光分别作为其固化的必须条件而得名；W 涂料是因为用水作为溶剂或是稀释介质，因而有别于所有使用有机溶剂的"溶剂型涂料"而被命名为"水性涂料"。

(1) 硝基涂料

又称蜡克，其特点是可采用刷、擦、喷、淋等多种涂饰方法，且涂料可使用很长时间，不易变质报废，漆膜干燥迅速、坚硬耐磨，一定的耐水性和耐腐蚀性，容易修复，但涂膜易碎，成本高、环境污染大，受气候影响涂膜易泛白、鼓泡和皱皮等。

(2) 聚氨酯涂料

是目前木制家具表面涂饰中使用最为广泛、用量最多的涂料品种之一。其性能比较完善，但与硝基涂料相比，聚氨酯涂料的干膜质量受施工环境和施工条件影响非常大。另外，因为其中的游离异氰酸酯有毒，一定程度上影响施工人员身体健康，并污染涂装环境。

(3) 不饱和聚酯树脂涂料

属于无溶剂涂料，其优点是不含挥发性溶剂，不释放有毒有害气体，不污染环境；一次施工可获得较厚涂膜；可常温干燥；漆膜丰满度好，坚硬，光泽高。其缺点是现场施工操作要求较高，引发剂和促进剂要分开存放并按要求使用，否则易引起爆炸和火灾；涂膜一般较脆，易开裂。

(4) 紫外光固化涂料（UV）

是指涂层必须在紫外光照射下才能固化的一类涂料。其特点是漆膜硬度高，具优良的耐溶剂性、耐药品性、耐磨耗性等；干燥迅速，便于大批量生产，涂料利用率高，涂装作业所占空间少；不含挥发性溶剂，环境污染少。其缺点是该涂料一般只适应平板表面零部件；涂料对人体会有刺激，紫外光也会影响人体健康。

（5）酸固化涂料

具有一系列优异理化性能，其涂膜平滑丰满，透明度和光泽度高，硬度高，坚韧耐磨，附着力强，机械强度高，并有一定的耐寒、耐水、耐油、耐化学药品性能。其缺点是涂料中含有游离甲醛，味道相当难闻；涂料具酸性，易腐蚀金属底材。

（6）水性涂料

具有调漆方便、使用时间长、易修补、基本安全无毒、漆膜柔韧性和附着力较好等优点，但涂料单价偏高。

25. 常用的家具胶粘剂有哪些种类？各有什么特点？

常用的家具胶粘剂有脲醛树脂胶（UF）、酚醛树脂胶（PF）、三聚氰胺树脂胶（MF）、聚醋酸乙烯酯乳液胶（PVAc）、热熔树脂胶、橡胶类胶黏剂、聚氨酯树脂胶黏剂、环氧树脂胶黏剂和蛋白质胶黏剂。

（1）脲醛树脂胶

属于中等耐水性胶，其成本低廉、操作简便、性能优良、固化后胶层无色、工艺性能好，是目前木材工业中使用量较大的合成树脂胶粘剂。其缺点是胶层脆易老化，一般仅能用于室内，在使用过程中存在释放游离甲醛污染环境的的问题，近年来，常采用加入各种酚类物质、填料、甲醛捕捉剂，以改善其耐水性，提高柔韧性，降低其甲醛含量。

（2）酚醛树脂胶

属于室外用胶粘剂，具有优异的胶接强度、耐水、耐热、耐磨及化学稳定性好等优点，特别是耐沸水性能最佳，但颜色较深、成本高、有一定脆性、易龟裂，固化时间长、固化温度高。

（3）三聚氰胺树脂胶

具有很高的胶接强度，较高的耐水性、耐热性、耐老化性，胶层无色透明，胶膜在高温下具有保持颜色和光泽的能力和耐化学药剂能力，固化速度快，低温固化能力强，但价格较高，胶层硬度和脆性高，易产生裂纹。

（4）聚醋酸乙烯酯乳液胶

俗称白胶或乳白胶，具有良好而安全的操作性能，无毒、无臭、无腐蚀，不用加热或添加固化剂就可直接常温固化，胶接速度快、干状胶合强度高、胶层无色透明、韧性好、易于加工、使用简便，应用极为广泛。但由于其耐水、耐湿、耐热性差，因此只能用于室内制品的胶接。

（5）热熔树脂胶

优点是胶接迅速，不含溶剂、无火灾危险；耐水性、耐化学性、耐腐蚀性强；可胶接多种材料，也可反复熔化再胶接。但热稳定性差，胶接强度低，胶接后的使用温度不得超过100℃，胶接产品不应接近高温场所或长时间暴晒。

（6）橡胶类胶粘剂

胶层具有优良的弹性、能在常温低压下胶接、对多种材料有优良的胶接性能，尤其对木材等极性材料具有较高的胶接强度，在家具工业中应用较多的是氯丁橡胶胶粘剂和丁腈橡胶胶粘剂。

(7) 聚氨酯树脂胶粘剂

具有高度的极性和活性,对多种材料具有极高的粘附性能,不仅可以胶接多孔性的材料,而且也可以胶接表面光洁的材料。它具有强韧性、弹性和耐疲劳性,耐低温的超低温性能好。其缺点是耐热性差,成本高。

(8) 环氧树脂胶粘剂

是一种胶接性能强、机械强度高、收缩性小、稳定性好、耐化学腐蚀的热固性树脂胶,能够胶接大多数材料,通常被称作"万能胶"。

(9) 蛋白质胶粘剂

一般是在干燥时具有较高的胶接强度,用于家具和木制品的生产,但由于其耐热性和耐水性较差,已被白乳胶等合成树脂所代替,目前,一般用于木制工艺品以及特殊用途(如乐器、木钟等)。

26. 什么是挥发性有机化合物(VOC)?其主要来源与危害有哪些?

VOC 是挥发性有机化合物(Volatile Organic Compounds 的缩写),它是非工业环境中最常见的空气污染物之一。其主要成分有烃类、卤代烃、氧烃和氮烃,包括苯系物、有机氯化物、氟里昂系列、有机酮、胺、醇、醚、酯、酸和石油烃化合物等。常见的 VOC 有苯乙烯、丙二醇、甘烷、酚、甲苯、乙苯、二甲苯、甲醛等。当其含量超出了一定标准时,会刺激人们的眼睛、皮肤以及呼吸道,并会伤害人体基因并致癌。

挥发性有机化合物的主要来源：室外主要来自燃料燃烧和交通运输；而在室内则主要来自燃煤和天然气等燃烧产物、吸烟、采暖和烹调等的烟雾，建筑和装饰材料、家具、家用电器、清洁剂和人体本身的排放等。在室内装饰过程中，VOC主要来自油漆、涂料和胶粘剂。

挥发性有机化合物是一种挥发性物质，它的侵害过程缓慢，不太容易引起人们的注意，等到发现身体出现了严重不适的感觉时，有害物质对人体的侵害程度已经相当严重了。当房间里VOC达到一定浓度时，在短时间内会引起头痛、恶心、呕吐、四肢乏力等症状，严重时甚至会引发抽搐、昏迷，伤害肝脏、肾脏、大脑和神经系统，造成记忆力减退，甚至会导致人体血液出问题，患上白血病等严重后果。

27. 什么是甲醛？甲醛有哪些危害？

甲醛是无色、具有强烈气味的刺激性气体，其 35%~40% 的水溶液通称福尔马林。甲醛是原浆毒物，能与蛋白质结合，吸入高浓度甲醛后，会出现呼吸道的严重刺激和水肿、眼刺痛、头痛，也可发生支气管哮喘。皮肤直接接触甲醛，可引起皮炎、色斑、坏死。经常吸入少量甲醛，能引起慢性中毒，出现粘膜充血、皮肤刺激症、过敏性皮炎、指甲角化和脆弱、甲床指端疼痛等。全身症状有头痛、乏力、胃纳差、心悸、失眠、体重减轻以及植物神经紊乱等。

凡是大量使用粘合剂的地方，总会有甲醛释放。各种人造板材（刨花板、纤维板、胶合板等）中由于使用了粘合剂，新式家具的制作，墙面、地面的装饰铺设，都要使用粘合剂，因而含有甲醛。此外，某些化纤地毯、油漆涂料也含有一定量的甲醛。甲醛还可来自化妆品、清洁剂、杀虫剂、消毒剂、防腐剂、印刷油墨、纸张、纺织纤维等多种化工轻工产品。

甲醛为较高毒性的物质，在我国有毒化学品优先控制名单上甲醛高居第二位。甲醛已经被世界卫生组织确定为致癌和致畸形物质，是公认的变态反应源，也是潜在的强致突变物之一。

甲醛清除的方法和原理有很多，人们普遍使用的方法是在室内空气中喷洒甲醛清除剂和甲醛捕捉剂，或者使用一些能够立即清除甲醛异味的制剂。用这些方法只能对游离甲醛有清除作用，无法从根本上对人造板材释放出来的甲醛有效。还有一类甲醛清除的方法是采用封闭的原理，直接用于家具的表面，使用这种甲醛清除剂后，会在家具表面留有透明或带亮光的白色薄膜，封闭法虽然对甲醛的清除有立竿见影之效，但长时间的封闭也会有漏洞，并不能从根本上清除甲醛。

板材中甲醛的释放期为（3~15）年，不是通过养绿色植物或者开窗通风的方法就能解决得了。因此，对各类人造板材的甲醛清除，是解决装修污染的重点，也是真正有效的甲醛清除方法。

选购鉴别与产品质量安全

28. 木质家具的常见质量问题有哪些?

木质家具分为实木家具和板式家具。实木家具又分为硬木和软木;板式家具常见的材料有中纤板和刨花板。不同的木质家具常见的质量问题各不相同。

(1) 硬木家具

通常是指《深色名贵硬木家具》(QB/T 2385-2008)中规定的树种制作的家具,如花梨木、香樟木、柚木等。硬木家具的材质和加工工艺都是没有问题的,需要注意的是真假问题。一般来说,名贵硬木家具所用的木材生长周期非常长,一般生长周期五六十年,有的甚至达上百年,且大部分从国外进口,所以硬木家具价格昂贵,一套柚木的卧室家具大概要 2 万~3 万元。因此,如果你遇到了便宜的硬木家具,最好不要买。商家经常宣称自己的是实木家具,而实际上只有框架是实木的,面板和背板都是贴了实木皮的中密度板;还有的商家在木材的名称上模糊概念,自己随意取名叫什么"非洲柚木"、"美洲红檀",其实这些木材名称根本就不存在。

(2) 软木家具

多以松木、杉木为材料,有些软木家具生产厂家为了提高木利用率,使用集成材,将小径木材切成小块再用胶粘剂拼接,因此会存在甲醛释放量超标的问题。而且,软木家具表面喷涂的是硝基油漆(NC),这是一种软质油漆,因为透明度高也叫做清漆，使用寿命通常只有（1~2）年，清漆一般在使用 3 个月左右开始脱落，脱落后松木基材暴露在空气中是比较容易变色发黑的，所以要注意保护。清漆的环保程度远远低于硬质油漆，甲醛、苯和甲苯的含量很高。因此，虽然作为实木家具，环保性能可能还比不上优质的板式家具。另外，国产的松木要比北欧产松木密度小的多，有些国产松木家具由于木质过软，用指甲轻轻划一下也会有很深的痕迹，北欧松木生长地在寒带或亚寒带地区，产量很小，成材至少也要 50 年以上的生长周期，很名贵，价格也不便宜。松木家具的质量悬殊是最大的，选购时一定要慎重。

消费者在购买板式家具时最关心的是甲醛释放量问题，生产板式家具的板材按照加工工艺和环保程度划分为 4 个等级，即 E_0，E_1，E_2，E_3。其中 E_0，E_1，E_2 级板材被允许用来作为家具基材，E_2 级板材甲醛含量（10~30）mg/100g，这是符合国内环保标准，E_1 级甲醛含量小于等于 1.5mg/100g，符合欧洲环保标准，E_0 级甲醛含量小于等于 0.5mg/100g，属于最环保的世界顶级标准。一般中密度纤维板生产的家具从质量或外观上都要优于刨花板。刨花板由于其板材表面不能雕花，所以这种材料生产的家具外观简单，一些贪图暴利的小企业，用质差价低的刨花板来生产卧室家具，这种刨花板肯定是甲醛超标的，只能用来做工程板，严禁用来做任何家具。现在市面上刨花板套房家具的甲醛含量几乎都超标，不推荐购买。从合页槽和打眼处可以看出板式家具用材是中密度板还是刨花板。

29. 市场上家具的档次有哪些？价位如何？

从风格上讲，古典家具的档次普遍要高于现代家具。从工艺角度和附加值方面讲，家具可分为3个档次。

①高档。外表选料为单一树种，且纹理相同、对称。涂层颜色鲜亮，木纹清晰，表面抛光。

②中档。外表用料要求相似，对称部件纹理、颜色相近。色泽涂层颜色较鲜明，木纹清晰，正视面涂层要抛光，侧视面涂层为原光（即：不抛光）。

③普通档。外表用料质地、颜色近似，色泽涂层颜色基本均匀，允许有轻微木纹模糊，涂层表面为原光。

环保、设计及品牌等也是决定家具品牌档次的重要因素。例如，经过权威部门环保资质认定的家具档次较高，由设计名家设计或采用时尚设计元素的家具档次较高，品牌价值高的家具档次较高。

价位方面，卧房、沙发、床都可以从价格上分出中高低档。例如家具5件套从一两千元到几万元不等，我们把价位在4000元以下的定为中低档产品，价位在（4000～8000）元定为中档产品，价位在（8000～20000）元定为中高档产品，2万元以上的定为高档产品。但也没有一个具体的标准来准确的划分，只是我们对市场和产品熟悉了，自然会给产品进行定位。再例如沙发的档次定位，2000元以下的为中低档，（2000～5000）元属中档，（5000～10000）元属中高档，10000元以上的为高档。床在1000元以下的为中低档，（1000～4000）元为中档，（4000～10000）元为中高档，1万以上为高档。

30. 怎么看懂家具检验报告？

家装产品的检验报告是进入市场销售的一个必备条件。消费者应该提高自我保护意识，在购买家具时，积极主动向商家索要检验报告，作为选购家具的重要参考之一。

(1) 索要检验报告原件

最好向商家索要检验报告原件，一般商家在销售时都使用复印件，如果商家不能提供原件，则复印件上应加盖检验机构的红章，否则无效。

(2) 查看检验报告首页

检验报告一般分为封面、首页和附页。在首页中需注意的问题包括以下几个方面：

①要看样品名称、商标、型号规格是否和实物商品符合；看生产单位、受检单位是否和商家提供的信息一致，以免商家在检验报告上以次充好。

②检验类别。检验类别分为委托检验和监督检验。委托检验是生产厂家或销售商家主动送检，一般会挑选质量较好的产品来送检，委托检验时检验机构只对所送样品负责，因此可信程度较小。而监督性检验报告是质量监督部门或工商部门对所生产和销售的同批产品随机抽样检验的结果，具有一定的权威性，可信度较高。

③检验项目。检验项目一般分为全项检验和非全项检验。全项检验是根据标准把产品的每一项指标都进行检验，非全项检验是根据标准只检验产品的部分指标。

④检验/判定依据。即产品是根据哪一级别的标准进行检验的，一般来说国家标准要比行业标准要求严格，行业

标准比企业标准要求严格。

⑤检验结论。这是检验报告中最重要的部分，也是消费者最应关注的地方。对于全项检验，如果所检项目全部合格，则最后检验结论为"根据×××标准，所检样品合格/符合要求"，如果所检项目有一项不合格，则最后检验结论为"根据×××标准，所检样品不合格/符合要求"，这时消费者就要在报告附页中核对具体是哪一项或几项不合格。对于非全项检验，如果所检项目全部合格，则最后检验结论为"根据×××标准，所检项目合格/符合要求"，但未检验的项目不一定全部合格，如果所检项目有一项不合格，则最后检验结论为"根据×××标准，所检样品不合格/符合要求"。

⑥检验日期。检测报告有效期为半年，超过时效期的检验报告将失去真实性。

(3) 附页中需要注意的问题

①查看检验报告的页码，检验报告的页码包括首页和附页，一般在右上角标注"共×页　第×页"，以免漏页。

②检验报告附页主要包括5项，即检测项目、单位、标准要求、检验结果、单项判定。检验项目即所检家具的某项具体指标，如甲醛释放量、尺寸、外观等；单位即检验项目的单位；标准要求，即根据标准，某一项检验项目的检验结果应在哪一个范围内；检验结果是根据标准提供的方法，某一项检验项目的实际检验结果；单项判定，即某一项检验项目的检验结果是否符合标准要求，对于委托检验，单项判定用"符合"或"不符合"；对于监督检验，单项判定用"合格"或"不合格"。

31. 为什么购买木质家具时一定要签订合同？

现在有为数不少的消费者在购买家具时没有签订合同的意识，而是仅凭一张收据便将家具买回了家，甚至连正规的发票都没有，一旦发现家具质量与商家承诺不符，解决纠纷时，这类非正规发票往往难以作为有效证据。尤其是购买高档家具，买卖合同的签订就显得尤为重要。因为家具毕竟是大金额的买卖，有了正规发票可以防止事后不必要的麻烦。

购买家具的合同主要分为"买卖合同"与"定做合同"。一般现货买卖签订"买卖合同"，有改动的、需要预约交货的签订"定作合同"。有许多家具销售商家在销售现货时拒绝签订"买卖合同"，只以一纸收据打发消费者，如果遇到这样的问题，消费者应该提高警惕，这很有可能是商家在打擦边球。例如，有的摊位挂的是品牌家具的牌子，推销给顾客的却是自家粗制滥造的产品；把实木框架家具或板木结合家具说成是"实木家具"，把柚木贴皮家具说成是"柚木家具"来误导消费者。对此，消费者应选择提供规范合同的商家，以确保自身的利益。

为维护消费者的合法权益，相关政府部门也制定各类法规、家具买卖等合同文本，但由于经营人员的职业道德等方面良莠不齐，侵犯消费者合法权益的现象仍时有发生。如不按规范填写合同；或者尽管有了规范的合同文本，但一些厂商在填写合同时避重就轻，对一些重要条款如产品质量、环保标准、违约责任等或不予填写，或含糊其辞等。对此，消费者应仔细阅读"买卖合同"，家具合同一定要写清楚，比如实木家具一定要注明是"全实木"、"实木贴皮"还是"板木结合"，材料的产地、家具生产参照什么标准、责任等一定要准确无误。

在仔细确定了家具合同全面无误后，消费者还应注意签字盖章。在政府管理部门监制的家具买卖合同文本后面，除了买卖双方签字盖章的位置外，还有市场开办方加盖认证章的位置，这是证明交易在某市场进行、市场开办方对交易负有监督管理责任的重要证据，一旦发生纠纷，市场不但负有调解纠纷、维护消费者合法权益的义务，而且要承担相应的连带责任。对此，许多消费者并不了解，往往忽视了重要的一环，而一些市场和销售者出于规避责任、逃避监督等原因，对此并没有尽到告知义务，致使一些消费纠纷处于扯皮状态，难于解决。

签订了"买卖合同"的消费者，一旦发现自己购买的家具存在质量问题，应立即与销售商协商解决，如果销售商或商场拒绝承担相应责任，则可立即向质量监督部门提出产品质量检验，然后依据检验报告请工商等有关部门提出仲裁。

32. 怎样区别全实木家具、实木家具和实木贴面家具？

（1）全实木家具

全实木家具，是指所有木质零部件（镜子托板、压条除外）均采用实木锯材或实木板材制作的家具，包括桌面、衣柜门板、侧板都是纯实木制造，不使用其他任何形式的人造板。表面无任何覆面处理，用料表里一致。

(2) 实木家具

实木家具，是指基材采用实木锯材或实木板材制作，表面没有覆面处理的家具。

(3) 实木贴面家具

实木贴面家具，是在家具表面可视的范围，包括面、框架结构都是纯实木（如用不知名的杂木），只不过在实木之上又贴了实木木皮（如柚木、水曲柳等昂贵些的实木木皮）。消费者看到的木材和家具内部使用的实木板材是不一样的。优点是价格便宜，仅从外观看，实木贴面家具与前两种实木家具没有差别，但实际上，实木贴面家具基材材质的成本最低，所以价格相对最为便宜。实木贴面家具的线条最为优美，设计也更为简约时尚，在实木家具中，是性价比最高的产品。缺点是工艺要求很高，如果工艺不精，贴面很容易起泡甚至脱落。消费者在购买家具时，一定要详细问清楚，然后看贴木皮处的工艺是否平整。

区分实木和实木贴面或薄木饰面人造板的方法是，看正反面花纹是否可以对应，如果可以对应则为实木；纹理方向根本不一致或者差别很大则为实木贴面或薄木饰面人造板。另外，要注意实木贴面家具因贴面材质不同而价格不同。现在市场上出售的板式家具的贴面十分逼真，光泽度和手感都很难看出差别，因此有个别奸商以贴纸、烤漆等冒充木皮贴面赚取差价。实木贴面表层通常喷涂的是高档油漆，而木纹纸贴面不需要上油漆，因此从产品外观档次来讲，实木贴面的更有档次，而且在防潮、耐磨方面，较之木纹纸贴面的也略胜一筹。

33. 家具业常用的商品材树种分别有哪些类别?

我国常用的已有近800个商品材树种,根据材质优劣、储量多少等原则划分为五类,从优到劣分为一类材、二类材、三类材、四类材和五类材。

现将家具业常用的商品材树种类别择录如下,供采购选用时参考。

一类材:红松、柏木、红豆杉、香樟、楠木、格木、硬黄檀、香红木、花榈木、黄杨、红青冈、山核桃、核桃木、榉木、山楝、香桩、水曲柳、梓木、铁力木、玫瑰木。

二类材:黄杉、杉木、福建柏、槠木、鹅掌楸、梨木、槠木、水青冈、麻栎、高山栎、桑木、枣木、黄波罗、白蜡木。

三类材:落叶松、云杉、松木、铁杉、铁刀木、紫荆、软黄檀、槐树、桦木、栗木、木荷、槭木。

四类材:枫香、桤木、朴树、檀、银桦、红桉、白桉、泡桐。

五类材:拟赤杨、杨木、枫杨、轻木、黄桐、冬青、乌桕、柿木。

34. 常见易混家具用木材树种有哪些?

(1) 樱桃木与西南桦的区别

樱桃木主要产自北美,而西南桦主要产自我国西南,这两种木材根本不是同一科属,同一种类,同一档次的木材。樱桃木属蔷薇科樱桃属,西南桦属桦木科桦木属。尽管二者在颜色上有相似的地方,但在木材纹理、材质、组织构造上却有明显不同。西南桦价格较低,樱桃木进口的成本价约每立方米1万元以上。

(2) 橡胶木与橡木的区别

橡木包括红橡木和白橡木两类,均属硬木,大多从美国进口,每立方米在万元左右。而橡胶木是橡胶树经割胶后剩下的木材,属大戟科橡胶树属,其质地不能与橡木相比。

(3) 榉木与山毛榉的区别

这也是材质并不一样的两种木材。榉木属榆科榉木属,山毛榉属壳斗科水青冈属。从欧美国家进口的榉木材质较好,进口价为国产山毛榉的数倍。国产山毛榉又称水青冈,是与榉木在材质、构造、纹理等方面都有所区别的木材,其价位较低。市场上故意将山毛榉地板、家具叫做榉木是混淆视听的做法。

(4) 柳桉木与东南亚杂木的区别

柳桉木是龙脑香科的主要树种之一,产自于东南亚和我国的西南地区。市场上有些经销商将档次较低的东南亚杂木混称为"柳桉木"、"南洋材"是误导消费行为。因为两者间的市场价格每立方米要相差近千元,材质也根本不同。

在购买时消费者应注意对照鉴别,可以到一些正规的经营企业、大型木材家具店详细了解相关木材、家具知识,或索取相应的对照物。通过比较购买,"货比三家"、"价比三家",才可能买到货真价实的产品。

35. 如何鉴别木质家具的几种常用贴膜?

家具贴膜是家具生产中常用的表面材料,无论在视觉上还是触觉上都具有天然的木质感,既节约了大量的森林资源，又让使用者感受到了大自然的魅力。家具贴膜基本上都有无毒、无味、耐污、易清洗、抗划、耐磨、耐温、耐潮的理化性能，且贴膜工艺简单，省略了木质家具表面的涂饰工艺，生产效率高，生产成本低廉。家具贴膜主要由多层涂层组成，其性能与基材的种类密切相关，总的来看主要有以下几种。

(1) 聚氯乙烯膜

这是应用最广泛的一种家具贴膜，是一种多组分材料的组合。其优点是力学性能好，化学性能稳定，难燃，成本低等。其缺点是热稳定性差，软化温度低，只能在80℃以下的条件中使用，受热会引起不同程度的降解。

(2) 聚丙烯膜

这是无毒、无味的聚合物。其优点是成型性好，力学性能优良，耐磨，耐热温度比聚氯乙烯膜高，在150℃下不施加外力不会变形。聚丙烯膜不含铅、镉、邻苯二甲酸盐等重金属材料，不使用增塑剂等有害物质和优良的甲醛密封性能。但收缩率高，耐寒性不如聚乙烯，且价格稍高。

(3) 聚乙烯膜

无臭、无味、无毒，耐热温度在 (80～100)℃，热变形温度在 (40～75)℃。聚乙烯膜在空气、阳光、氧的作用下会老化、变色、龟裂。但是价格低廉，成型方便。涤纶膜性能优异，可进行热拉伸，同时耐热性好，具有较高的力学性能，可用作木质材料、金属材料的表面贴膜。

(4) 亚克力膜

这是一种透明的热塑性材料，具有中等力学强度和良好的户外耐候性。用其制成的贴膜覆盖在家具表面，清澈亮丽。由于其具有很强的抗风化能力所以适合制作户外家具，能耐受日晒、温差大、湿度大的环境。

简易鉴别方法：①聚氯乙烯膜难燃、离火即熄，燃烧时火焰呈黄色，下端绿色，冒白烟，燃烧时变软，发出刺激性酸味，耐一般化学药品，溶于甲苯。②聚乙烯膜可持续燃烧，燃烧时火焰上端呈黄色，下端呈蓝色，无烟，燃烧时有蜡烛味，耐大多数酸碱，不溶于一般的溶剂。③聚丙烯膜容易燃烧，燃烧时火焰上黄下蓝，离火后燃烧缓慢，烟少，燃烧时有石油味，除浓硫酸、浓硝酸外，对其他化学品都比较稳定。

36. 如何通过感官辨别实木家具的真伪？

色泽自然、纹理清晰、环保耐用的实木家具越来越受青睐。新标准将木家具分为三大类，即实木类家具、人造板类家具和综合类木家具。按此新标准，用于制作家具主要部件的材料中使用人造板，哪怕是一件，也不能叫实木家具，只能称为综合类木家具。下面是选购一款货真价实的实木家具的方法。

（1）闻（判断实木性质）

多数实木都带有木香，如松木有松脂味、樟木有明显的樟脑味，但含有刨花板、纤维板等人造板的仿实木家具，打开柜门或抽屉时，会有较浓的刺激性气味。

（2）看（观察木质优劣）

打开家具柜门、抽屉，观察木质表面纹理，很容易发现，实木因由多块木条拼接而成，因此木质纹理呈不规则状，且能看出凹凸的纹理质感。家具的主要受力部位如立柱、承重横条，不应有大的节疤或裂痕。鉴别是否是整块实木的方法是，看木纹和疤节。如一个柜门，外面的花纹与背面的花纹相对应，则是纯实木的柜门；另外，如有疤节，两面所在的位置应当相同；还有色差，实木表面一般都有色差。

（3）摸（查验抛光质量）

将手放在家具的表面，仔细检查抛光面是否平滑，特别要注意台脚等部位是否毛糙，颜料涂刷是否有条痕，角位的颜料是否涂得过厚，是否有裂痕或气泡。

（4）听（检查稳定性）

木制家具要具备安全性和稳定性能，当把两个柜门打开90°后，用手向前轻拉，柜体不能自动向前倾翻；书柜门的玻璃要经磨边处理；镜子要安装后背板，并把玻璃面固定。小件家具如椅子、凳子、衣架等在挑选时不妨在地上拖一拖，轻轻摔一摔，如果声音清脆，说明家具制作工艺和质量较好；如果声音发哑，有噼里啪啦的杂音，说明榫眼结合不严密。

（5）问（仔细把关细节）

目前市场上某些假冒进口家具的"土产"洋家具成本只是真正进口家具的三成左右，但是售价却只比真正的进口家具低20%左右。因此，在购买进口家具时要仔细询问经销商有关生产细节，并要求其出具报关单，查看原产地证明、装箱地点等。

37. 木质家具造假的常用方法有哪些？

（1）做旧

一些厂家为了迎合人们崇古的心态，将本来新的家具进行做旧处理。一般的方法为刷双氧水或泡双氧水,将木材颜色变浅、变旧。如紫檀放入石灰池中,表面立即变成灰白色,紫檀原来的紫红色不见了,打上蜡以后,很像年代久远的旧家具。还有的是将家具的脚或某一突出部件放入高浓度的硫酸中烧蚀,立即会腐蚀得像经过了很多年的使用。还有一种比较简单的做旧方法是用各种有颜色的鞋油混用,达到以假乱真的目的。或者用中草药、饮料及其他各种化学方法做旧或将成品家具放在室外、车间、厨房故意让其落土,自然损坏。

(2) 偷梁换柱

常见手法是将颜色或纹理相近的木材混用。比如紫檀木家具常在不明显的地方与深红色的漆木混用,或用黑酸枝树种冒充紫檀木。还有人用产于非洲或南美洲的气干密度未达到国标要求的亚花梨冒充缅甸产的花梨木。

(3) 变色及边材与心材利用

木材由边材和心材组成,一般靠近树皮的部分,颜色较浅,称为边材。靠近髓心的部分,颜色较深,称为心材。做家具通常使用的是心材部分,边材由于其颜色、比重与心材不一致,一般不能跟心材混用在一起。如海南香枝木浅黄色的边材没有香味,很容易感染白蚁等虫害。而心材有浓郁的辛香味,具有天然的驱虫效果。而且心边材颜色差别明显,也不能将两者混用。一些厂家为了提高出材率,降低成本,就将边材与心材混用,用化学染色剂将边材染成与心材一个颜色,以此节约成本。

(4) 偷工减料

缩小家具原有尺寸是偷工减料的常用方法,可以是整体缩小原物尺寸,长缩短,弯变直,厚变薄,这样可以节省很多木料,降低成本。有的偷工减料方式是简化或取消榫卯结构,采用机器打眼,树脂粘接的连接方式,大大提高了生产效率。第三种偷工减料的方法是采用拼接与贴皮的方法。正常情况下,椅子的前腿和后腿上下应为一根木头加工成,即上下贯通。检验时可根据上下部纹理是否能连接,颜色是否一致来判断。如采用一木连做,需尺寸较大的木料,而由两截小料拼接而成,成本会下降很多。

38. 选择家具时有哪些常见的误区?

家具的选购一般容易出现一些误区:实木家具比人造板家具好;家具越重越好;家具的油漆越亮越好等。下面针对这些常见的问题进行一些分析,提出家具选购时的注意事项。

家具的选择一般应注意家具的风格和审美、家具的材料、家具的拆装方便性、家具的环保性能、家具的安全性能等。

(1) 家具风格和审美

家具的颜色、风格应和室内装饰相协调,并应考虑室内的采光、个人喜好、房间和家具的功能等进行综合考虑。一般原则是颜色应较为柔和,避免太过鲜艳的色彩;厚重繁琐的家具不适合于面积较小的房间。

(2) 家具的材料选择

木质家具的材料主要是三类,即实木、人造板、实木和人造板的复合材料。其实,目前除了高端的红木家具可能是全实木的外,一般家具上都会用到多种木质材料,这是正常并合理的材料使用,但家具应根据其使用要求的不同合理选用材料。另外,家具的价格也与其材料密切相关。

家具材料的选择主要注意以下几方面:

①家具的主要材料与商家宣传的材料是否吻合;

②家具的表面材料与内部材料是否一致。这不存在绝对的好坏,只是同样是薄木贴面装饰的板材,基材是胶合板还是纤维板是有不同的价格定位,适用的地方也不同。

③厨房、卫生间使用的家具应采用防潮型的人造板,并对板材进行贴面和封边,如果以上几点没做好,则可能在使用中很快出现因水分侵蚀而导致的家具变形、发霉等质量问题。

④实木家具的含水率是一个重要的指标。一般来说,应选购含水率稍低于当地平衡含水率的实木家具(各个地区的平衡含水率不同,同一地区不同月份的也不同),一般要求木材含水率低于12%,否则容易出现开裂和变形。

(3) 查验家具的加工工艺

家具的加工工艺和是否稳固可以通过现场的观察来做出判断,家具是否平整、有拼缝的地方是否细致严密、开关门等是否到位。

(4) 家具的环保与安全性能

家具的制造中要使用到胶粘剂和涂料(油漆),这是家具是否环保的关键。应选择无刺鼻或很大气味的家具,家具的油漆部分要光滑平整、不起皱、无疙瘩;边角部分不能直棱直角,直棱处不易崩渣、掉漆。一般选择亚光或半光的漆面较好,家具漆面反光太强,不利于人的休息。

39. 选购木质家具为什么要分地区？

家住北京的朋友，从广东买回来一套红木家具，没过几个月，就发现开裂严重，然而他自己平时也挺注重保护的，怎么会出现这样的现象呢？其实不单是家具，一些实木地板、实木门窗等也会出现这样的现象，南方生产的新家具到北方使用为什么开裂这么严重呢？造成这种现象最直接的原因便是木材的含水率。

木材本身都含有一定的水分，因此在制作家具之前都会进行烘干处理。烘干要遵循一定的标准，即使家具用材的含水率与使用地区大气的平均含水率保持一致。由于各地空气湿度不同，决定了木材含水率的不同。比如北京地区空气的平均含水率是 11.4%，上海地区为 16%，温州、海口更高，达到了 17.3%。在北方的市场上，有很多产品的木材来自南方，或者直接由南方生产再运过来的，由于南方的空气比北方潮湿，木材含水率高于北方，因此南方的木制家具，尤其是实木家具及木材都必须进行严格的干燥处理。一般而言，木制家具尤其是实木家具，它的含水率最好是比当地空气的平均含水率低 1%～2%。像北京的这位朋友，从广东买回的家具，含水率比北京高，这样的家具遇到北京的干燥气候就会收缩，所以导致家具开裂。开裂还可以修好，而如果是南方人买了北方的家具，干燥的木材遇到潮湿的家具，就会胀裂，把家具撑破，这种胀裂的家具就很难修复了。

我国地域广阔，气候差异大，要使木制品不发生形变、翘曲、开裂，保证产品合格、优质，就必须将木材进行人工干燥到与产品使用地区的平衡含水率相适应。在选购木制家具，尤其是实木家具的时候，如果没有专业的检测仪，消费者很难了解该木制家具是否达到规定的标准。因此，选购木质家具最好要弄清生产地区和厂家的干燥质量，如果对家具含水率不放心的话，新家具最好是通过专业的检测仪进行测量。

40. 木质家具的特殊气味会影响人体健康吗？

自古以来，我国就有使用樟木、檀木制作衣箱、衣柜、书架的传统，尤其在南方，樟木衣柜以其天然防蛀、防霉和杀菌的特点使棉毛织物能免受霉雨季节虫蚁的侵害。但专家指出：樟木挥发出的气体含有樟脑等有机物成分，对人的胃肠道黏膜有刺激作用，一旦被吸入体内，所生成的水溶性代谢物氧化樟脑具有明显的强心、升压作用。把樟木家具放在卧室，会影响睡眠质量，让人兴奋甚至失眠。尤其在不通风的卧室里，问题会更严重。同时，樟木除了含有樟脑外，还含有烷烃类、酚类、烯类和樟醚等有机成分。樟木家具散发出的芳香气味，还可能引发头晕、浑身无力、恶心、呕吐等症状。所以，使用樟木家具的居室一定要注意通风。

与居住环境关系最为密切的寄生虫之一就是螨虫。室内螨虫数量过多易引起支气管哮喘等过敏症状。某些木质材料具有使螨虫数量减少的作用。日本有试验证明，在家庭装修中使用一定数量的实木后螨虫数量急剧减少了。由日本柳杉、美洲松、扁柏、红雪松等制成的精油可以使螨虫死亡。

有的木材气味还具有消除难闻气味的除臭作用。木材精油具有消除氨、二氧化硫、二氧化氮等公害恶臭的功效。

有的木材含有生理活性成分，冷松、鱼鳞云杉、樟树中的龙脑和樟脑有使人兴奋的作用，扁柏、柳杉中的沉香醇有降血压作用，日本花柏、鲜柏、罗森扁柏中的萜二烯有镇痛和舒张血管作用，红松、黑松等木材中的松节油有利尿、祛痰作用。对小白鼠的实验证明，木材气味下的睡眠质量更好。在含有α松油萜的木材气味下睡觉，能更有效地恢复疲劳。与没有香气相比，有低浓度的木材香气飘过时，流过人体指尖的血液量增加，脉搏数减少，心情安定，精神紧张性发汗减少。

41. 如何了解家具的甲醛释放量？

家具中的甲醛释放量来源较复杂，致使家具甲醛释放量的测定也有一定的复杂性，下面主要介绍一下家具中甲醛释放量的来源及在购买中应注意的问题。

（1）木质家具中甲醛的来源

板式家具多以中密度板、刨花板为原料，胶合板常被用作木质家具中的背板，也有少量板式家具用细木工板为基材。各类人造板在生产加工过程中都会不同程度的使用胶粘剂，因此，以人造板为基材的板式家具都有一定的甲醛释放量，只是多少的问题。另外，有些实木家具也存在甲醛释放量的问题，主要来源于家具表面的油漆和接口所使用的胶粘剂，尤其是以实木拼版为基材的实木家具甲醛释放量相对更大些。

(2) 木质家具甲醛释放量的测定

在测量木质家具的甲醛释放量时,由于家具的体积太大,不能把整个家具都拿来测量,只能测量家具中具有代表性的某些块板材。因此,正确取样是客观反映家具甲醛释放量的首要问题。板式家具的用材比较复杂,有的板式家具中同时使用了两种或两种以上的人造板;或在家具明显外露的部位使用质量较好的人造板,在隐蔽部位使用质量较差的人造板;还有一种板木结合的家具同时使用了实木和人造板两种材料。《室内装饰装修材料木家具中有害物质限量》(GB18584—2001)中规定:木质家具甲醛释放量用干燥器法测定,甲醛释放量必须小于等于 1.5mg/L;试件数量共 10 块,若产品中使用数种木质材料则分别在每种材料的部件上取样,制备试件时应考虑每种木质材料与产品中使用面积的比例,确定每种材料部件上的试件数量。

(3) 购买家具时针对甲醛释放量应注意的问题

在购买木家具时判断甲醛释放量是否超标,仅仅看检验报告是不够的,因为检验报告中的测量值和取样部位的相关性很大,主要取决于检验人员的主观意识,即使检验报告中的测量值符合标准要求,也有可能是检验人员的疏忽,取样时忽略了家具中隐蔽部位质量较差的板材。因此,消费者在购买家具时,除了看检验报告,还要打开门和抽屉,闻一闻是否有刺激性气味,甲醛浓度过高时甚至能引起眼睛流泪。

42. 木质家具的有害物质主要包括哪些?

木质家具中的有害物质主要包括甲醛以及家具表面色

漆涂层可溶性重金属,重金属主要包括可溶性铅、铬、镉、汞。甲醛的危害前面已经讲述了,这里主要讲一下重金属的危害。

(1) 重金属对人体的危害

①铅会危害人的神经系统、心脏和呼吸系统。人体中,铅能与多种酶结合,从而干扰有机体多方面的生理活动,导致对全身器官产生危害。

②急性汞中毒症状为头痛、头晕、乏力、低度发热、睡眠障碍、情绪激动、易兴奋等。呼吸道症状表现为胸闷、胸痛、气促、剧烈咳嗽、咳痰、呼吸困难;胃肠道症状为恶心、呕吐、食欲不振、腹痛、有时出现腹泻。汞对肾脏的损伤,可造成肾小管上皮细胞坏死,少数病人可出现皮炎,如红色丘疹、水疱疹等。

③镉使许多酶系统受到抑制,从而影响肝、肾器官中酶系统的正常功能。由于镉损伤肾小管,易出现糖尿、蛋白尿和氨基酸尿;特别是骨骼的代谢受阻,造成骨质疏松、萎缩、变形等一系列症状。

(2) 家具中有害物质的来源

甲醛主要来源于家具中的胶粘剂和油漆,如人造板和实木拼板中所使用的胶粘剂;重金属主要来源于家具表面的色漆和板式家具中所使用的封边条。家具是人们日常接触频率较高的物件,极易与人体直接接触,特别是小孩甚至可能用嘴直接与家具接触。这样通过人体与家具的接触,可溶性重金属极易浸入体内,从而危害人们的身体健康。

(3) 国家标准中有害物质限量要求

根据《室内装饰装修材料木家具中有害物质限量》

（GB 18584—2001），家具中重金属含量（限色漆）的上限值分别为：可溶性铅，90mg/kg；可溶性镉，75mg/kg；可溶性铬，60mg/kg；可溶性汞，60mg/kg。家具中甲醛释放量的上限值为1.5mg/L。

43. 木质家具的表面涂饰质量该从哪几方面检查？

涂饰也就是油漆装饰，是指用涂料涂饰家具在其表面形成具有一系列装饰保护性能的漆膜。涂饰质量与装饰效果在很大程度上决定着家具的外观、制造质量、档次与价值，常常是消费者选购家具的首要考虑因素。家具表面涂饰的质量评估一般分为外观质量与涂膜内在的理化性能两个方面。前者包括家具的外观色泽、光泽、漆膜状态、孔处理、基材质感透明度、细部处理等，多依靠肉眼观察或触觉感受来判断。后者包括涂膜的理化性能，多用仪器检测。

（1）表面涂饰质量评估

①家具外观色彩，分为设计色彩与施工色彩两部分，设计色彩在施工后应达到设计要求，常用样板对照验收，施工部门做完的颜色应与样板相符，最主要是着色均匀，无任何着色缺陷，尤其是色花等。

②光泽，涂漆产品的光泽应符合样板或规定的光泽度，一般用光电光泽计检测。镜面效果的光泽可达100%以上，亚光一般在70%以下，涂漆产品应做到光泽均匀，施工到位。

③漆膜状态，任何档次的家具表面涂膜都应平整光滑，手感、视觉效果俱佳，不应有任何厚薄不均匀、流挂、起

皱、颗粒、气泡、砂痕、针孔、渗孔、桔皮等涂漆缺陷。

④孔处理，按市场或订货用户要求常设计为填孔、显孔、半显孔。施工时应达到设计要求。例如全封闭的漆膜应用专门填孔剂对基材管孔沟槽等填满，不致因漆膜塌陷而影响平整与保光，全开放则不填孔，使管孔清晰显现以充分表现木材特有的质感。

⑤基材质感透明度，透明涂饰应清晰显现真实木材的花纹图案。如果把优质珍贵木材的天然质感做成半隐半现就是不合格，丧失了装饰价值。

⑥细部处理，高中低档的家具往往表面装饰上大面差不多，但细部差别很多，边角内部应表里一致，不涂漆的部位清洁。高档家具内部也应贴面或用油漆处理。

(2) 涂膜的理化性能

①附着力，指漆膜对基材，或涂层与涂层之间相互牢固粘附的能力，一般采用割痕法测定。在漆膜干透的样板上用锐利的刀片在漆膜表面切割出两组互成直角的格状割痕，每组割痕都是包括11条长为35mm，间距为2mm的平行割痕，切口应穿透到基材表面。将氧化锌橡皮膏用手指按压粘贴在割痕试验区域，顺对角线方向猛揭一次，用4倍放大镜仔细检查漆膜损伤脱落情况并分级，一般分五级，1级为割痕光滑，无漆膜剥落，4级为50%以下的割痕成碎片剥落。

②耐液性，指家具表面漆膜接触各种液体不发生变化的性能，用浸透试液的滤纸在试样表面经规定时间后移去，根据漆膜损伤的程度分级。国标规定用家具可能接触到的15种液体，如氯化钠、硝酸钠、茶水、咖啡等做试液。一

般分为4级,1级无印痕,3级为有轻微的变色或明显的变色印痕。

③耐热性,指家具表面漆膜遇高热仍无任何损伤变化的性能。用一个放入加热矿物油的铜试杯放在漆膜表面,经规定时间后移去,根据漆膜损伤的程度评级。一般分5级,1级为无试杯印痕,2级为间断轻微印痕及轻微变色等。由于家具在南方沿海地区使用时,要经受高温高湿的环境,所以耐热性常分为耐干热与耐湿热两种检测,后者用铜试杯测试时放一块湿布。

④耐磨性,指漆膜经受摩擦而不损坏的性能。通常用漆膜磨耗仪测定,用研磨不露白的转速或研磨100个转次磨掉漆膜的失重克数表示,标准分为4级。例如1级为漆膜不露白,3级为漆膜局部明显露白等。

⑤耐温变性,也称耐冷热温差,是指漆膜能经受温度的骤然变化而不损伤的性能。检测时一般将涂漆样板分别放入高温(+40℃)、室温(20℃)与低温(-20℃)的条件下一定时间,一般为一个周期,观察如无损伤开裂,再试第二个周期,至发生损伤开裂为止。漆膜耐温变性是以不发生损伤开裂的循环周期数表示。

⑥抗冲击强度,指漆膜经受冲击的能力。国标规定用专门的冲击试验器检验,试验器上有钢制圆柱形冲击块,从规定高度沿仪器的导管跌落,冲击到放在试件表面的具有规定直径和硬度的钢球上,根据试件表面受冲击部位漆膜破坏的程度,以数字表示的等级来评定漆膜抗冲击的能力。

⑦漆膜厚度,优质涂饰的漆膜应有满足使用要求的足

够厚度，否则漆膜起码的强度、硬度、耐磨、耐液、耐冲击等性能都不具备，也不会耐久使用。当然漆膜也并非越厚越好，否则可能易脆裂附着力差，不同使用条件下的产品漆膜应有适宜的厚度。国标规定漆膜厚度使用显微镜测量，被测漆膜上钻一顶角为120°的锥孔，孔壁在显微镜中成像，在显微镜中读出其垂直于显微镜主光轴的母线长度，再根据函数关系求得漆膜厚度。

⑧漆膜硬度，指任何表面抵抗外力侵入的能力，漆膜硬度自然影响其机械强度、耐磨性，以及柔韧性与附着力等。以前测定漆膜硬度是用"摆杆硬度计"，以小数表示。如较硬的漆，其硬度为0.7～0.8，较软的漆为0.2～0.3。近年来，采用较为简便的铅笔硬度测定法，即用硬度不同的中华牌绘图铅笔刻划漆膜表面，以不划伤漆膜的铅笔硬度表示漆膜的硬度。

44. 选购板式家具应注意哪些问题？

（1）贴面

板式家具的饰面方法主要有以下几种：

①薄木贴面，即天然实木皮，分为天然薄木和人造薄木。

②装饰纸贴面，也叫木纹纸，贴于家具基材上，然后喷涂油漆。

③三聚氰胺浸渍纸，家具厂一般直接采购三聚氰胺饰面板，再加工成家具，制作过程中必须对裁切的板材进行封边，主要优点是防火性和耐磨性较好。

④PVC贴面，按硬度区分可分为PVC膜与PVC片，

按亮度可分亚光和高光。

薄木贴面制作的家具要比其他三种贴面方法制作的家具高档,有时,木纹纸贴面的效果几乎与薄木贴面的效果相差无几,难以分辨。进口高级纸,连木材瑕疵也可仿造,但与天然木皮还是有所区别,在家具边角处容易露出破绽:木纹纸因厚度很小(0.08mm),在两个平面交界处会直接包过去,造成两个界面的木纹是衔接的(通常都是纵切面);木皮因有一定的厚度(0.5mm左右),在两个平面交界处,通常都不直接包过去,而是各贴一块,因此两个交界面的木纹通常不衔接。另外,选购时还要看表面的板材是否有划痕、压痕、鼓泡、脱胶起皮和胶痕迹等缺陷。

(2) 封边

板式家具使用的人造板都具有一定的甲醛释放量,高质量严密的封边可以适当的阻止甲醛的挥发,对居室环保有一定的好处,因此板式家具的封边非常重要。在选购时,要注意封边材料的优劣,注意封边有没有不平整或翘起现象。特别要注意的是,是不是每一面都封边,即使是家具的隐蔽部位也应该进行封边。

(3) 家具结构的牢固度

一是看家具的门缝、抽屉缝的间隙,如果缝隙大,时间长了会变形;二是看家具连接所使用的五金件,可随意拆装组合是板式家具最大的优点,但多次拆散重新组合后家具的连接部位会松动,一般进口的优质五金件使用寿命可达20年。

(4) 油漆

对于用薄木或木纹纸饰面的板式家具来说,油漆质量及施工的好坏很重要。要看角位的颜料是否涂得过厚；有没有裂痕或气泡。还得问营业员，家具上过几道漆，一般是上的次数越多越好。

（5）甲醛释放量

选购时，打开门和抽屉，若嗅到有一股刺激异味，甚至造成眼睛流泪的，则说明家具中甲醛释放量超过标准规定，建议在闻的同时要看厂家出示的相关检验报告。《室内装饰装修材料木家具中有害物质限量》（GB18584—2001）中规定：家具甲醛释放量用干燥器法测定，且小于等于1.5mg/L。

（6）基材

板式家具常用的基材是刨花板和中密度纤维板。刨花板（市场上叫颗粒板）材质疏松，仅用于低档家具；中密度纤维板的性价比较高，在板式家具中比较常见。从合页槽和打眼处可以看出板式家具用材是中密度纤维板还是刨花板。

45. 选购和使用竹家具时应注意哪些问题？

竹制品较木材容易被昆虫、真菌等侵蚀，这是因为竹材除具有纤维素、半纤维素和木质素外，还富含糖、淀粉等，这些成分是蛀虫及白蚁等昆虫的营养品，所以使用竹家具时，应当采取一定的措施来防止虫蛀，以增加竹家具的使用寿命。

（1）选购时注意的问题

在选择竹制家具时应选择已进行物理或化学处理的竹材制作的家具，如高温干燥处理的竹材可以基本杀灭其中的昆虫和微生物,如果材料是经过化学处理的,则要注意使用的化学药剂对使用者是安全的,应该是低残留的。经过漂白处理的竹家具对防蛀和防霉也具有一定的效用,表面涂漆处理的家具可以有效的将水分与竹材隔离,因此也可以有效的防蛀防霉。

(2) 使用中注意的问题

使用环境保持通风干燥,避免家具受潮,夏天时尤其注意室内的通风干燥,湿热环境最容易使家具避免被霉菌侵蚀,如果家具受潮出现霉斑,应及时进行清洁和干燥处理。在使用中若发现虫蛀,可以用超市购买的杀灭蚊虫和蟑螂的喷剂,滴入、喷入虫蛀孔,并用胶带封闭虫孔一段时间,可以有效杀灭蛀虫。如果是小件的竹家具或工艺品,可以将家具和工艺品密封在塑料袋或密闭的环境中,再使用杀虫剂效果更加理想。

46. 选购藤家具时应注意哪些问题?

藤家具是手工工艺特征非常明显的家具,选购时需要注意的问题有以下几点。

①材料方面,藤材原料的选用应根据使用的部位不同而采用不同的藤材,骨架材料的选择应使用直径在14mm以上的大藤,材色上应注意外露的藤材色泽应均匀,而包裹的部分可以使用材色较差的原料,藤材原料应经过防虫、防霉、防腐和漂白处理。经过这些工序的处理之后,藤家具使用的耐久性会提高很多。

②扎制和编制工艺方面,藤材的编织和收口形式应在保证强度和耐用性的基础上注意美观度的设计,并注意不

形成锐口。编织图案应新颖,并能够合理承重,不出现较大的变形。

③后期精加工方面,新藤条的颜色是白色或米黄色,随存放条件会发生变化。因此,需要进行一定的漂白和表面涂饰外观,应看其表面的光泽是否均匀,是否有斑点、异色和虫蛀等痕迹。

47. 选购金属家具时应注意哪些问题?

(1) 镀层

①镀铬部分,镀膜宜亮丽滑爽,光可鉴人,镀层不能起泡,不能生锈,不可露黄,不可有划伤。

②镀钛部分,色泽不能泛白,尤忌露白,其他同镀铬。

③喷塑部分,涂膜无脱落,无疙瘩,无皱皮,无锈点,并光洁细腻,润泽沉实。

(2) 金属管材及铆接折叠部位

①金属管部分,不可有叠缝、裂缝、开焊、凹坑;围弯处不可有褶子,弧形应圆滑光润;焊接处不可有虚焊、漏焊、焊穿、气孔、残留焊丝头、毛刺,并须打磨圆润;管壁表面应光洁平滑,手感流畅。

②铆接部分,应牢固不松动,铆钉圆头及周边应光滑无砸痕或毛刺。

③折叠部分,应张合轻松自如,不过紧不过松恰到好处。折叠床、椅、凳、沙发、桌等打开时,四脚应在同一水平面上。

48. 真皮与人造革该如何区分?

真皮革是指天然皮革,由动物皮加工而成。人造皮革是指合成革或其他似真皮,实际是由基本化工原料人工合成的产品。

(1) 皮革的类型

皮革的类型不同,其特点也各不相同。主要是分为牛皮革、猪皮革、羊皮革、马皮革和人造革。

①牛皮革,强度仅次于猪皮革,且表面较细腻,但比较容易损伤。是以牛皮为原料制成的皮革,皮层厚薄均匀,粒面光滑细致,纤维束粗壮,组织紧密,坚韧结实,黄牛皮是质量最好的一类。粒面特征:毛孔细圆而直,分布均匀又紧密,毛孔陷入不深,粒面丰满,细致,坚实,手感硬而有弹性,皮面光滑平坦。

②猪皮革,透气透水性能好,强度最大,但毛孔粗大,不美观,很容易识别。

③羊皮革,其特征是粒面毛孔扁圆,毛孔清楚,较斜地深入革内,毛孔几根排成一组,排列的很像鳞片或锯齿状。花纹特点如"水波纹"状。羊皮革又分为绵羊皮革和山羊皮革。二者的区别:绵羊皮革粒面细致光滑,山羊皮革毛孔清楚,革质有弹性。无论哪一种羊皮革制品制成的服装都具有美观的花纹,光泽柔和自然,轻薄柔软,富有弹性,但强度不如牛皮革和猪皮革。

④马皮革,表面也很光滑细致,与牛皮鞋差不多,但还是有区别,马皮的毛孔是椭圆形,比黄牛皮的毛孔略为大些,并斜插革内,这些毛孔有规律地排列着,构成了山脉形状,不如牛皮丰满美观。

⑤人造革,表面非常细腻,可以毫无瑕疵,而且比较经久耐用,但在透气性等方面有一定的缺陷。

(2) 真皮与人造皮的区分要点

①手摸。用手触摸皮革表面,有滑爽、柔软、丰满、弹性的感觉就是真皮;而一般人造革表面相对要发涩、死板、柔软性差。因为真皮手感富有弹性,将皮革正面向下弯折 90°左右会出现自然皱褶,分别弯折不同部位,产生的折纹粗细、多少,会呈现明显的不均匀,因为真皮具有天然、复杂、不均匀的纤维组织,因此形成的折皱纹路表现也有明显的不均匀。而人造皮革手感像塑料,回复性较差,弯折下去折纹粗细多少都相似。

②眼看。先看外表,质地均匀、无伤残、无粗纹,无任何缺陷的可能是人造皮革。再仔细观察毛孔分布及其形状,真皮的表面会有较清晰的毛孔、花纹,并且分布得不均匀,毛孔多且深不宜见底,略为倾斜,黄牛皮有较匀称的细毛孔,牦牛皮有较粗而稀疏的毛孔,山羊皮有鱼鳞状的毛孔。而毛孔浅显垂直的可能是人造革。

③气味。动物皮革都有一种天然的皮毛气味,即使经过处理,味道也较明显,而人造革有刺激性较强的塑料气味,无皮毛的味道。

④点燃。从真皮革和人造革背面撕下一点纤维,点燃后发出一股毛发烧焦的气味,烧成的灰烬一般易碎成粉状,不结硬疙瘩的是真皮。燃烧时火焰较旺,发出难闻的塑料味道,冷却后结成疙瘩的是人造革。

⑤滴水。吸水性强的为真皮制品,置细小水珠于其真皮表面,水珠可以通过毛孔扩散,可看到明显湿斑,吸收水分。

⑥拉力与弹性。天然皮革有很好的弹性与拉力,反之

即是人造革。

49. 选购皮革家具时应注意哪些问题？

在选择皮制家具时，首先应仔细观察以区分是真皮还是人造革。

除了分辨真皮和皮革的区别，真皮还分为头层皮和二层皮两类。用湿毛巾擦拭一下皮质表面，头层皮的表面除了可以看到皮质的细致纹理之外，还有皮质的经络，甚至还存疤痕，那是动物生前的创口愈合后形成的。

另外，真皮也并不代表是全皮，全皮是指除非皮质部件外，全部使用同一种天然动物皮革包覆的沙发。而皮沙发是指接触面使用同一种天然动物皮革包覆的沙发，通常是与人体接触部位为真正皮质，其余部分是配料革，只是颜色与前部非常接近。因此选购真皮沙发时，尤其是打折促销的真皮沙发更要弄清这一点。

选购皮质家具时还应注意其外形的一些事项，如皮革家具表面必须平整，无气泡、无龟裂、拼缝严整。包衬罩面要绷得紧，精致的包衬坐垫家具不应出现不该有的皱纹和皱褶。触摸框架部分，要触及不到框架角。作为装饰用的线迹间隔应均匀整齐。垫子、扶手、靠背以及它们之间都不应有过大的缝隙。扶手和助脚应四平八稳。真皮制作的沙发常常会有不明显的色差，甚至是小的色斑。

50. 选购塑料家具时应注意哪些问题？

塑料是一种高分子材料，具有优良的隔热、隔音、防潮、耐氧化等物理和化学性能，可根据需要与用途调配成不同的颜色、密度、软硬度，并有着极好的可塑性。塑料家具是采用高分子化学材料为原材料，模压成型的各类形状的家具。塑料家具款式新颖、色彩艳丽，重量轻耐水防霉，不怕碰撞，适宜在湿度偏差大的环境中使用。随着原材料及生产工艺技术的发展，高分子材料与其他材料的有机结合，市场上出现更加丰富多彩的塑料家具，受到广大消费者的青睐。塑料的种类很多，但基本上可分成两种类型：热固性塑料和热塑性塑料。塑料家具造型多样，随意优美，色彩绚丽，线条流畅；轻便小巧，拿取方便；品种多样，适用面广，除了有桌椅外，还有餐台、储物柜、衣架、鞋架、花架等。

在选择塑料家具时应注意以下几点：

①塑料制品耐老化性能差，因此容易老化，因而塑料家具的自然寿命比起其他材质家具要短，但价格也低。选择时应注意，希望长期使用的家具用品，应考虑这一点。如果是可经常更换的家具用品，则可用来点缀空间，让家更具有艺术感就非常适宜。

②要考虑承重力，由于塑料制品的承重力相对不是很大，如果家中有太胖、太重的人，要选择相应承重的家具，以免因使用塑料家具而摔伤。

51. 选购玻璃家具时应注意哪些问题？

①选购玻璃家具时一定要先准确丈量室内摆放位置的大小，因为家具的大小尺度对居室空间的视觉效果和日常使用影响较大，尤其是玻璃家具。在居室面积较小的房间中，最适于选用玻璃家具，因为玻璃的通透性，可减少空

间的压迫感。居室中的玻璃家具不宜太多，有一两件足矣。

②要考虑玻璃的安全性。过去人们总认为玻璃家具使人没有安全感，今天，用于玻璃家具的很多是新型钢化玻璃，它的透明度高出普通玻璃4~5倍，同时还具有较高的硬度和耐高温特性，尤其用于家庭装饰的玻璃材料不仅在厚度、透明度上得到了突破，使得玻璃制作的家具兼有可靠性和实用性，并且在制作中注入了艺术的效果，使玻璃家具在发挥家具的实用性的同时，更具有装饰美化居室的效果。

③在购买玻璃家具的时候，一定要"察言观色"。在购买玻璃家居制品时，应仔细查看玻璃的厚度和颜色，里面有无气泡，表面和边角是否光滑顺直；玻璃的内部是否有生产时残留的手渍、水渍和黑点等。一般来讲，从侧面来看，无色玻璃的质量最佳，泛绿色的玻璃品质最为一般，装饰效果较差，价格也比较低廉。除了玻璃质量外，还要考虑它的支架材料，好的支架采用挤压成型的金属材料制成，既不用焊接，也不用螺钉固定，而是采用高强度的粘结剂来粘接，使得造型格外流畅秀丽，鉴别粘接强度的方法是看粘贴面是否光亮，用胶面积是否饱满。

另外，在选购玻璃家具的时候，有必要问清楚家具的材料是普通玻璃还是钢化玻璃，这两者在价格上有一定的差距，有些商家会以普通玻璃冒充钢化玻璃出售。付款前一定要仔细检查所购产品是否与样品质量一致。

52. 木质家具的防火质量标准是什么？

根据《建筑内部装修设计防火规范》（GB 50222—

2001),对室内装饰材料(包含家具材料)的按照其燃烧性能共分为 4 级,即不燃性(A)、难燃性(B_1)、可燃性(B_2)和易燃性(B_3)。用于建筑物内部的顶面、墙面、地面、固定家具、隔断的材料,燃烧性能要求不同,如普通住宅的室内顶面装饰材料要求 B_1 级,墙面、地面、隔断和固定家具的要求是 B_2 级。一般木质人造板和实木制品大多为 B_2 类材料,因此用于室内的固定家具是符合标准要求的。如果是用于室内的顶面装饰的木质材料就需要进行阻燃处理,达到 B_1 级的标准才能使用。

53. 选购儿童家具时应注意哪些问题?

儿童家具的选择主要从安全性、环保性、美观性三方面考虑。儿童尚处于生长发育阶段,他们大多是"勇敢的冒险家",所以为他们选购家具,安全性是首先要考虑的因素。儿童家具线条应圆滑流畅,要有顺畅的开关和细腻的表面处理,不应带有锐角和粗糙、坚硬的表面,以免孩子被刮伤或碰伤。在家具的用料和工艺上应首先注意材料的环保性能,目前用做儿童家具的材料丰富,有木材、人造板、塑料等,各有特点,儿童家具要求无异味。家具表面涂层,具有不褪色和不易刮伤的特点,要选择使用塑料贴面或其他无害涂料的家具。儿童家具的色彩、造型和尺寸应较为明快,但不要太过于艳丽,表面选择反光不太强的漆面,家具的尺寸应符合儿童的体格,家具的风格应是简洁美观的为好。

54. 如何选配客厅家具?

相对卧室来说,客厅属于比较开放的空间,客厅家具既要实用，又要能展示主人的品位。客厅家具一般包括电视柜、储存柜、沙发和茶几等。在选择客厅家具时，要把各个部件融入到客厅的大环境中来，客厅家具的造型风格要统一。在挑选时，这里挑一件、那里挑一件，可能每一件你都很喜欢，单独看也不错，但是组合到客厅就看着别扭，达不到预期效果。比较妥当的办法是成套购买，这样可以保证整体风格一致。家具的质地和颜色要协调。客厅家具摆放不宜过多，密度要适当，让人感觉宽敞。

①茶几除了具有美观装饰的功能外，还要承载茶具、小食品等，因此也要注意它的承载功能和收纳功能。收纳效果较差的茶几，所有东西只能摆放在桌面上，这样会使桌面看起来很凌乱。有老人小孩的家庭要特别注意，应选择桌角是圆形，没有棱角的茶几，以免给老人和小孩带来安全威胁。玻璃茶几外表晶莹剔透，有很好的装饰效果，但如果挑选到质量不好的玻璃茶几，则很容易出现破碎情况。

②沙发的座位应以舒适为主，其坐面与靠背均应以适合人体生理结构的曲面为好。如果居室面积较小，可选择兼备坐卧功能的沙发床。对老年人来说，沙发坐面的高度要适中，若太低了，坐下、起来都不方便；对新婚夫妇来说，买沙发时还要考虑将来孩子出生后的安全性与耐用性，沙发不能有尖硬的棱角，其颜色也应鲜亮活泼一些。另外，还要注意沙发填充材料的质量、面料质量和回弹力等。

③选择什么样的电视柜，一方面由自己的喜好决定，另一方面也由客厅和电视机的大小决定。如果客厅和电视机都比较小，可以选择地柜式电视柜或者单组玻璃几式电

视柜；如果客厅和电视机都比较大，而且沙发也比较时尚，就可以选择拼装视听柜组合或者板架结构电视柜，背景墙可以刷成和沙发一致的颜色。

55. 沙发有哪些材质？分别适合什么样的客厅风格？

（1）简约时尚的真皮沙发（如图5）

图5 真皮沙发

市面上的皮革按质地大致可分为：全青皮、半青皮、压纹皮、裂纹皮四种。前两种质量上乘，但价格高昂；后两种，价格相对便宜，适宜普通家庭使用。

（2）舒适温馨的布艺沙发（如图6）

布艺沙发是指主料是布的沙发，经过艺术加工，达到一定的艺术效果，满足人们的生活需求。其内部结构有木质和钢管焊接两种。

近年来，由于布艺沙发拥有富于变化的色彩和生动的图案设计，再加上柔软的舒适度，越来越为大众喜爱。布艺沙发可以将布套取下清洗，也可以根据自己的喜好再定

图6 布艺沙发

做别样的布套。由于布花的多变,可以搭配不同的造型,也可以搭配不同的材料,营造多元的风格,随时展现花样般妩媚。

(3)原味自然的藤制沙发(如图7)

藤制沙发以其天然的材质、流畅的线条、编织的韵律获得了世人的青睐。无论是在家庭中,还是在宾馆、庭院、酒吧,它的存在总能提高周围环境的品位。藤制沙发的自然风格,是休闲生活的象征,它意味着贴近自然,质朴却不失华贵,它所带来的舒适与方便,使人们无拘无束,自由自在。藤制沙发的另一个特点就是轻巧,便于挪动,这是其他材质沙发难以比拟的。藤条的韧性也是其他材质沙发所不具备的特点,正是这一点使人们在使用时又多了一份舒适。

藤制家具比木制家具多了几分轻盈,又比金属家具多了几分柔韧。其清新自然、柔软轻巧的质感,更是其他家

图 7 藤制沙发

具无法媲美的,最适合夏季使用。无论是摆在客厅,还是卧室,自然的本色风情会带给人透心的凉快。如果再放上几件藤编的饰物,会有种古朴、典雅之感,具有很强的休闲感。

(4) 典雅古朴的木制沙发(如图 8)

红木沙发是木质沙发中的典型代表。它品位高雅,传递出浓浓的书卷气息。老年人向来喜爱红木沙发。红木沙发品位高、质感舒服,又具观赏性和保值性,成为有一定经济能力家庭的首选。选择它还有一个原因,那就是红木沙发适合一年四季使用,冬天加一个棉坐垫,温暖的感觉油然而生。选择这种沙发的人家多会买几套布艺坐垫,冬天垫上,夏天拿掉,容易打理换洗。另外,布艺坐垫也能够调节家庭气氛,丰富和活跃色彩。对年轻人而言,则更多地喜欢榉木、橡木的家具。

图 8 木质沙发

客厅作为待客区域,一般要求简洁明快,同时装修较其他空间要更明快光鲜。沙发的选择与客厅的气氛、品味、格调之间的关系极为密切,沙发作为客厅内陈设家具中最为抢眼的大型家具,应与天花板、墙壁、地面、门窗颜色、风格统一,达到衬托协调的效果,按需选择才能营造出理想的效果。各种沙发材质各有千秋,个性独具。如果是宽敞明亮、采光较好的大客厅,那么颜色较靓丽的沙发都十分适用,只要注意与其他家具色调相配、风格统一即可;如果客厅有墙裙或者墙壁有颜色,那么沙发就不太适合挑选艳丽的颜色,选择颜色素净的藤、木、布艺沙发就会雅致一些;喜欢让客厅具有古典氛围的话,挑选颜色较深的真皮沙发或者红木沙发最适合;如果客厅墙面是四白落地的,只需选择深色沙发会使室内显得洁静安宁、大方舒适;如果门窗都是白颜色的,典雅大方、花型比较繁复的布艺沙发比较适合。

56. 如何购买布艺沙发?

近年来,由于布艺沙发拥有富于变化的色彩和生动的图案设计,再加上柔软的舒适度,越来越为大众喜爱。布艺沙发的基本选购要领有以下几点。

①个人的身高、体重差异,同款沙发的感受是不同的。建议在选购时,一定要以不同姿势坐、卧、躺试试,就把它当做在自己的客厅一般,把你平时习惯的姿势都试一遍,才知道这款沙发到底适不适合你。

②选购沙发尺寸要注意给电器插头、窗帘等预留空间。沙发色彩要和居室风格相协调。

③棉麻或纯棉的布艺(印花)沙发,最担心沙发套经过洗涤后会有缩水、变形甚至褪色现象的发生。建议购买时问清沙发面料的成分,面料是否做过预缩水处理及适合采用何种洗涤方式,以避免尴尬的发生。在购买时,可用白色的纸巾,用力摩擦沙发面料,观察纸巾上是否有颜色,以检查面料的色牢度。

④看沙发骨架是否结实,这关系到沙发的使用寿命和质量保证,特别对于有孩子的家庭,安全是首当其冲的。具体方法是抬起三人沙发的一头,当抬起部分离地 10cm(厘米)时,另一头的腿是否离地,如果另一边也离地,检查才算通过。

⑤看沙发的填充材料的质量。用手去按沙发的扶手及靠背,如果能明显地感觉到木架的存在,则证明此套沙发的填充密度不高,弹性也不够好。轻易被按到的沙发木架也会加速沙发布套的磨损,降低沙发的使用寿命。

⑥检验沙发的回弹力。具体方法是让身体呈自由落体式坐在沙发上,身体至少被沙发坐垫弹起2次以上,才能确保此套沙发弹性良好,并且使用寿命会更长。

⑦注意沙发细节处理。打开配套抱枕的拉链,观察并用手触摸里面的衬布和填充物;抬起沙发看底部处理是否细致,沙发腿是否平直,表面处理是否光滑,腿底部是否有防滑垫等细节部分。好的沙发在细节部分品质也同样精致。

⑧用手感觉沙发表面,是否有刺激皮肤的现象,观察沙发的整体各部分面料颜色是否均匀,各接缝部分是否结实平整,做工是否精细。

57. 如何选配卧室家具?

卧室家具一般由床、床头柜、衣柜、梳妆台构成。按材质常见的可分为实木、板式和软体;按风格可分为中式、欧式和现代。其品质与价格主要取决于它的选材、规格、款式及做工。卧房家具一般都是成套购买。

①床是最重要的卧室家具,购买木质床时首先要注意的是床板的质量,好的床板应为实木板或多层板。床基应牢固不晃动且没有噪音。有些质量较差的板式床在新购买时比较牢固,但用过一段时间或重新拆装后,就会有明显的晃动,因此在购买板式床时,建议最好选择知名品牌。另外,床垫也很重要。对床垫的软硬需求各有不同,好床垫可随睡眠姿势变动而自动调整弹力。床垫的长度和宽度要足够,因为每个人睡觉都会翻身,要留足够的空间供人身自由翻动。

②床头柜应该整洁、实用，可以让你在床上也能方便地取放任何需要的物品。床头柜的柜面要足够放下一个闹钟、几本书和眼镜、水杯等常用物品。要选择带有抽屉的床头柜，平时不用的时候就可以放进抽屉，看上去比较整洁。

③化妆台需搁置的化妆品较多，容易使卧室显得杂乱。因此，化妆台最好让它多带些抽屉，以便收纳。买化妆台的时候要带配套的凳子，以免凳子的高度和化妆台的高度不匹配。化妆台最好漆过，便于打扫。这样，化妆液溅到桌上不至于造成损坏。台面下的抽屉应该安排合理，给使用者的腿部留出足够的空间，这个一定要用身体去丈量。

④衣柜要足够高，让衣服挂起来时能伸展开，不要不够高堆在柜底搞得皱巴巴的。衣柜里的挂杆、隔板应为可调节的，什么地方挂衣服，什么地方放叠起来的衣服，就可以按自己的习惯和需要来灵活安排。衣柜如果有深抽屉，放厚重的东西就会方便得多，比如冬天的大衣、床上用品和毛巾等。设计合理的衣柜，应该让你在打开的刹那，对里面的所有衣物一目了然。

58. 床垫有哪些材质？分别适合什么样的人群使用？

①弹簧床垫。弹簧芯可以合理支撑人体各部位，保证人体特别是骨骼的自然曲线，贴合人体各种躺卧姿势。适用人群：成人。

②水床垫。充分利用水的特性，真正实现了人体与床的均匀贴合，完全符合人体曲线，使人的颈椎、腰椎、腿

腕和手腕不再悬空,身体各部位受力均匀。其弱点在于透气性不如弹簧床垫。适用人群:所有人。注意老人、儿童使用时要多加垫被,以防关节受凉。

③充气床垫。便于保存和携带,适用于外出时。注意避免与尖锐硬物接触。适用人群:所有人。

④泡沫乳胶床垫。仍然属于弹簧床垫结构,舒适性更好。乳胶床垫具有开放连通的组织结构,耐久而不易变形,具有防潮、抗菌等功效,其高回弹性可以使人体与床面完全贴合,且透气性良好,能均匀支撑人体各部位,有效促进人体微循环。减震效果良好,即使睡在身边的人随意翻身也不受干扰。适用人群:所有人。

⑤泡沫床垫。具有不发霉、不折断、重量轻、弹性好、坐卧舒适,减震效果良好等特点。适用人群:所有人。

⑥棕床垫。按照人体工程学原理设计,使人的身体和床垫的受力面达到最大,让身体完全放松,从而大大提高睡眠质量。独特的结构使其具有适宜的软硬度,为少年儿童骨骼的生长发育起最佳保护作用。适用人群:青少年、儿童。

59. 如何选配书房家具?

书房经常承担着书写、电脑操作、藏书和休息的功能,居住面积大的家庭可以有专门的书房,面积小的家庭也可以一屋两用。书房家具主要有书柜、电脑桌(或写字台)、座椅三种。选配书房家具时应主要注意以下6点。

①尽可能配套选购书房家具,如果不能配套选购,也要尽量保持其造型、色彩一致配套,从而营造出一种和谐

的学习、工作氛围。

②学习与工作时,心态须保持沉静平稳,色彩较深的写字台和书柜可帮人进入状态。但如果希望追求自己的个性,也不妨选择另类色彩,更有助于激发想像力和创造力。同时,还要考虑整体色泽与其他家具和谐配套的问题。

③写字台可以买成品,也可以考虑量身定做。想要两个人同时使用,可以在沿窗子的墙面做一个50cm左右宽、2m长的办公桌,制作的时候要注意主要尺寸。按照《木家具通用技术条件》(GB3324—2008)规定:桌面高(680~760)mm;座高(400~440)mm;桌面与椅凳座面高差(250~320)mm,要留有腿在桌下活动的足够区域;桌中间净空高要大于580mm。写字台桌面的光线应足够,并且尽量均匀。桌面上的明度与周围明度不要形成强烈对比,最好采用可根据需要改变光线方向和光源距离的灯具。写字台内应该有存放文件和小物品的地方。

④选择书柜时,首先要保证有较大的贮藏书籍的空间。书柜间的深度宜以30cm为好,书柜的搁架和分隔最好是可以任意调节的,可根据书本的大小,按需要调整。一些珍贵的书籍最好放在有柜门的书柜内,以防书籍日久沾满尘埃。还要注意书柜的强度与结构,书柜内的横隔板应有足够的支撑,以防日久天长被书压弯变形。

⑤座椅应以转椅或藤椅为首选,坐在写字台前学习、工作时,常常要从书柜中找一些相关书籍,带轮子的转椅和可移动的轻便藤椅可以更方便。

⑥书房需要一些绿色的点缀,可在写字台或书架上放一两盆绿色植物,隔一阵时间看几眼,可以调节疲劳的视神经。

60. 如何区分家具用涂料的好坏?

要想选择好的涂料,首先,要注意购买涂料的地点。尽量到售后服务好的家装材料市场或油漆专业店购买。其次,要注意选择品牌,在经济条件允许的条件下,选择国内市场上销售量较大的知名品牌,一般这样的生产企业都有比较完善的产品质量管理体系及检测机构,产品质量比较有保障。

保证了以上条件以后,消费者再通过"望、闻、问、切"的方法,来鉴别涂料的好坏。

①望。选择涂料要先看产品指标。一般来讲VOC(挥发性有机化合物)和甲醛含量越低,耐擦洗次数越高,产品质量越好。VOC和甲醛含量越低,对人体健康影响越小,国家标准规定涂料VOC质量浓度(或含量)$\leqslant 200$ g/L(读作克每升),发展趋势是零VOC无味的健康涂料。耐擦洗次数是涂料耐水、耐碱、漆膜坚韧度和易清洗程度的综合指标,耐擦洗次数越高,漆膜质量越好。同时,具有好的健康性能和漆膜性能的涂料是高品质的涂料。

②闻。选择涂料还要闻一闻,涂料的味道越淡越好。涂料的味道中含有VOC,味道越淡,这些有害物质的含量越低,健康性越好。

③问。有些涂料并不标明VOC和耐擦洗指标,这时应该询问销售人员,要求看一下权威部门出具的检验报告,搞清楚这些指标,以便于比较。

④切。亲手感受一下想买的涂料。打开桶盖,搅拌一下,里面不能有结块物质;用棍子挑起一点涂料,让它自

由下流，连续成线为好，成块状下落则不好；用手捻一下涂料，越细腻越好；可以用刮板器在黑白格板上刮一个膜，比较一下黑白背景下的遮盖程度，黑格遮盖程度与白格遮盖程度越相近越好；用手抚摸一下制好的样板，越细腻平滑越好，用尘土沾污一下样板，用布擦拭，易于清除为好。

经过以上四个步骤的选择，基本就可以判断涂料好坏了。在最后交款前，还要认真查看一下涂料的外包装。按照国家的相关规定，在涂料的外包装上还要注明生产厂家的地址、电话、涂料的成分表和涂料的生产日期。特别要注意生产日期，一般涂料的保质期为一年，过期的涂料将影响涂料的效果。

61. 不合格涂料产品的危害有哪些？

通常，不合格涂料产品是一些作坊式小企业在经济利益驱使下为降低成本，提高施工性能等原因，还在用苯作溶剂和使用一定毒性的各种助剂、防腐剂及含金属的颜料。这种不合格涂料涂刷后，涂料中含有苯、甲醛、甲苯、二甲苯、乙二醇醚类溶剂、甲苯二异氰酸酯（简称TDI）等挥发性有机化合物和重金属铅、镉等，在空气中或与人体长期接触后，会对人体健康造成一定程度的危害。

其中苯属于剧毒溶剂，少量地吸入也会对人体造成长期的损害。苯能在神经系统和骨髓内蓄积，使神经系统和造血组织受到损害，引起血液中白血球、血小板数量减少，长期接触可引起白血病。

甲醛是一种刺激性气体，主要存在于粘合剂和油性木器漆中，会损害呼吸道和内脏。

甲苯、二甲苯在溶剂分类中属于中等毒性溶剂,对人体具有麻醉、刺激作用,高浓度时对神经系统有毒害作用。

乙二醇醚类溶剂在人体内经代谢后会形成剧毒的化合物,对人体的血液循环系统和神经系统造成永久性的损害,长期接触高浓度的乙二醇醚类溶剂会致癌。另外,它会对女性的生殖系统造成永久性的损害,造成女性不育。

甲苯二异氰酸酯容易蒸发,对人体眼角膜有强烈的刺激作用,造成眼部红肿,进入人体后,会损害人体肝、肾功能,长期接触高浓度的甲苯二异氰酸酯蒸气会致癌。

重金属铅影响血红蛋白的合成、容血,损害人们造血系统、神经系统、消化系统,此外,还可能导致血管痉挛等病变,如腹绞痛、铅中毒性脑病、神经麻痹,尤其值得注意的是它可通过胎盘、乳汁影响后代,婴幼儿由于血脑屏障未发育完善,对铅的毒性更敏感;镉系颜料虽然价格昂贵,因其耐久性好,在涂料工业中仍有少量应用,但镉化物是毒性很大的物质。另外,用于涂料中也有很多含铜的颜料,如红丹、锌铬黄、锶铬黄、高铜酸等。铜能抑制血红素合成和溶血,由此造成贫血,对大脑、小脑、脊髓和周围神经也造成侵害。

62. "净味"涂料就是环保的吗?

近年来,消费者对涂料产品的环保性能越来越关注,而一些企业推出的"净味"涂料更是以"净化空气"、"消除异味"著称,着实吸引了不少观众的眼球。"净味"涂料真像企业承诺的那样,能净化空气吗?

虽然"净味"涂料眼下是热门产品,但是多数消费者并不能完全了解各种涂料"净味"的原理。信息的不对称导致了消费者在选购"净味"涂料时处于弱势，个别厂家也借此机会，将"净味"概念加以混淆。总体上来说，目前市场上的"净味"原理主要有两种。

第一种技术，即乳液技术直接消除气味，也就是真正的净味技术。基于此平台所开发的净味涂料系列产品，涂料本身就几乎没有气味，或者气味超低又能快速散发；由于工艺复杂，成本较高，因此目前只有少数高端品牌能够生产这种涂料。运用这种技术的产品多定位于高档、中高档，价格也相对较高。只有采用这种技术的产品，才是真正的净味涂料。除了面漆以外，相配套的净味底漆也已面市，可以帮助消费者更好地实现全面的净味粉刷。

第二种技术，即用香精覆盖乳液气味，顾名思义，只是用香精的气味来遮蔽涂料自身刺鼻的味道，故而它是一种"伪净味"技术，甚至不能称为一种技术，而是一种假象。香精虽然可以把涂料的刺鼻气味遮蔽，并不代表气味就被消除，所以使用者除了闻到了香精的气味，不知不觉中也在受到涂料气味的伤害。这种技术一般运用于中低档产品，主要以涂料中的芳香气味和低廉的价格来争夺市场，但也有个别知名品牌生产此类"伪净味"涂料。所以广大消费者购买净味涂料时要注意仔细甄别，一定要选择知名品牌，同时在购买前一定要亲自闻一闻。

可见，选择净味涂料，务必要选择"真净味"的涂料，选择"伪净味"的涂料产品是得不偿失，将对身体健康造成伤害。

63. 家具用胶粘剂有毒吗?

家具组成中有实木、人造板，无论是实木的拼接还是人造板的生产过程中，都会用到胶粘剂。常用的胶粘剂有甲醛系合成树脂和非甲醛系合成树脂。甲醛系合成树脂包括：脲醛树脂、酚醛树脂、三聚氰胺-甲醛树脂、间苯二酚-苯酚-甲醛树脂、木素磺酸盐-苯酚-甲醛树脂、单宁-苯酚-甲醛树脂等。非甲醛系合成树脂包括：聚醋酸乙烯酯乳液、乙烯-醋酸乙烯酯乳液、丙烯酸酯乳液、异氰酸酯、天然橡胶胶乳、氯丁橡胶、聚酰胺热熔胶等。这就使得装修后家庭里面的家具会缓慢降解释放出甲醛。甲醛是一种无色气体，具有强烈刺激性气味，对人体皮肤和黏膜有强烈刺激，能使细胞蛋白质变性造成人体免疫功能异常，损伤肝、肺和神经中枢系统。

国家标准只规定人造板的甲醛释放量等级，如E1级、E2级等，对脲醛胶游离醛含量没有规定等级。因此，不能根据脲醛树脂的游离醛含量来估计板材甲醛释放量，必须通过检测板材的甲醛释放量才能确定板的等级。

64. 儿童家具污染有哪些?

儿童家具中的一大毒素是铅、镉等重金属，它们主要来源于五颜六色的涂料。有些厂家使用的色漆质量及喷涂工艺不过关，会造成重金属含量超标。而超标的重金属虽然不会通过呼吸及皮肤接触对孩子造成伤害，但较小的婴幼儿手口动作比较多，甚至会直接用嘴啃咬，而大一些的孩子自律性还不是很强，不会很好地注意进食前洗手等，重金属就会进入孩子体内对孩子造成伤害,而某些伤害还是不可逆的。

儿童家具中暗藏的最大杀手是甲醛、氨、苯、二甲苯等有机挥发物,儿童正处在生长发育期,呼吸量按体重计算比成人高50%;另一方面,儿童有大约80%的时间生活在室内,受到污染的时间更长,形成的危害更大,有时甚至可能造成永久性的伤害。这些有害物质不仅来源于油漆涂料,也来自于许多人造板材。如很多厂家使用中密度板制作家具,主要是因为其便宜,但是这类家具有害物质释放量高,对儿童的健康有很大的威胁,不宜用于儿童家具。

目前,很多由某些协会等单位认定的所谓的环保家具,只是依据《室内装饰装修材料溶剂型木器涂料中有害物质限量》等10项强制性国家标准进行认定,而这其实是所有家具产品所应达到的最低标准,而真正的环保家具的相关指标是应远远高出这些标准的。

国家环保总局已向国内家具生产企业推出了更高要求的《家具产品认证技术要求》,俗称家具"绿色标志",目前已有七八十家家具厂商的产品通过了认证,但其中没有一家是专业儿童家具厂商。

使用方法和技巧

65. 红木家具如何保养?

红木家具最怕的是阳光直接曝晒和用湿布擦拭。前者会造成木材角裂及褪色的现象,而湿布容易和灰砂混合形成粒状尘粒,会磨损家具表面。因此,在上蜡保养前最好先作好正确的清洁工作。可先用鬃毛一类毛刷轻轻刷掉灰尘,再用干布擦拭,一定要在上蜡前确保家具本身已经没有尘垢;然后,再使用水蜡,力度应由浅至深,由点而面轻轻推开,直至可以清晰见到家具的木纹及蜡质平稳固定为止。上蜡的频率通常半年一次。因为一般古董红木家具木材上有毛细孔,已经有透明漆来隔绝空气,上蜡太多只会增加一层厚厚的蜡油,对家具并没有好处。至于家具上面雕刻装饰的部分,可以用毛刷刷去灰尘。另外,潮湿的天气会使家具出现反潮现象,如果需要修理,则要等待干燥的天气才能进行。通常在购得一件古董红木家具时,第一道养护的手续,都已经由专业维修人员完成,然后就得靠平日的保养功夫。红木家具作为高档家具,保养一定要得当。建议的保养方法有:

①红木家具在室内摆放的位置应远离门口、窗口、风口等空气流动较强的部位,更不要受到阳光的照射。

②冬季不要摆放在暖气附近,切忌室内温度过高,一般以人在室内穿着毛衣感觉舒适为宜。

③春、秋、冬三个季节要保持室内空气不干燥,宜用

使用方法和技巧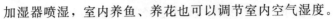

加湿器喷湿，室内养鱼、养花也可以调节室内空气湿度。

④夏天暑期来临，要经常开空调排湿、减少木材吸湿膨胀，避免榫结构部位湿涨变形而开缝。

⑤要保持家具整洁，日常可用干净的纱布擦拭灰尘。不宜使用化学光亮剂，以免漆膜发粘受损。为了保持家具漆膜的光亮度，可把核桃碾碎、去皮，再用三层纱布去油抛光。

⑥台类红木家具的面板，为了保护漆膜不被划伤，又要显示木材纹理，一般在台面上放置厚玻璃板，且在玻璃板与木质台面之间用小吸盘垫隔开。

66. 实木家具该分四季保养吗？分别如何保养？

首先可以肯定实木家具应根据四季的气候变化进行保养。在正常情况下，每季度还应打蜡一次，这样实木家具看起来才有光泽，而且表面不会吸尘，清洁起来比较容易。唯有重视日常的清洁与保养，才能使实木家具历久弥新。四季保养方法分述如下。

①春季：春天多风，空气中飘浮着各种花粉颗粒、杨柳絮、尘埃、尘螨、真菌等，这些脏东西会吸附在家具的每个角落，在清洁时切忌用湿布或干燥的抹布擦拭，否则会对家具表面造成磨花现象，也不要用有机溶剂清洁，宜用阴干的棉麻料抹布来擦，对于家具表面特别脏的污垢，可用轻度的肥皂水洗净，干燥后再上蜡一次即可。

另外，气温多变，春雨绵绵，气候比较潮湿，这个季节对木制家具的保养应特别注意让室内保持通风，如果地面潮湿须将家具腿适当垫高，否则腿部容易受潮气腐蚀。

②夏季：夏天多雨，要注意经常开窗通风，对家具的摆放位置应适当进行调整，避开阳光直射，必要时用窗帘遮挡。由于夏天气候很热，人们使用空调的频率也很高，要巧妙合理的利用空调保护家具。经常开空调可以排湿、减少木材吸湿膨胀，避免榫结构部位湿涨变形而开缝，但是，在开空调时温度一定要保持在（15～25）℃，并且将家具远离空调风口，以避免巨大的温差使家具损坏或过早老化。

③秋季：秋天空气湿度相对较小，室内空气比较干燥，木制家具保养起来比较容易。秋日的阳光虽然没有夏季那么猛烈，但长时间的日晒加上本来就干燥的气候，木质过于干燥，容易出现裂缝和局部褪色，因此，还是要避免阳光直射。

气候干燥时，要给实木家具保持滋润。应该选用容易被木质纤维吸收的专业的家具护理精油，例如香橙油不仅可以锁住木质中的水分防止木质干裂变形，同时滋养木质，由里到外令木质家具重放光彩。

④冬季：冬天气候非常干燥，可以说是实木家具最忌讳的季节，应多花心思保养。气候干燥，尽量缩短开窗时间，宜用加湿器调节室内的空气湿度，冬天干燥粉尘很多，对于堆积在家具表面的灰尘脏东西保养方法与春季一样。在这里值得提醒的是，经常用暖气的朋友要注意不要把家具摆放在暖气附近，切忌室内温度过高。

67. 木质家具如何合理清洁？

日常生活中，人们常常要对家具进行清洁和保养，使它们保持亮泽。但是一些错误的清洁保养方法，虽然暂时能让家具变干净，实际上却对家具造成了潜在的伤害，随着使用时间的增加，家具便会出现无法弥补的问题。对家具进行清洁保养时，一定要先确定所用的抹布是否干净。当清洁或擦去灰尘后，一定要翻面后再使用或者换一块干净的抹布，不要一再重复使用已经弄脏的那一面，这样只会使污物反复在家具表面摩擦，反而会损坏家具的光亮表层，此外，抹布使用完之后，切记要洗净晾干。

①放过湿茶杯的漆面桌子常常会留下一圈水印，如何能快速的去掉它们？你可以在桌面的水印上铺一块干净湿布，然后用熨斗在上面用较低的温度熨烫，这样便能使渗入漆膜的湿气蒸发出来，从而使水印消失。使用此方法时，使用的抹布不能太薄，熨斗的温度也不能调的太高，否则，桌面上的水印是消失了，但是烙印可是再也去除不掉了。

②如不小心，木质家具的表面很可能会留下烫痕，一般情况下，只要用抹布擦抹就可去除。但是如果烫痕过深，你可以用碘酒轻轻抹在上面，或者把凡士林油涂在上面，隔日再用软布擦拭就可以消除烫痕了。

③家具表面的白色油漆，日子一久就会泛黄，不但看起来旧旧的，而且也感觉很不清爽。你可用抹布蘸点牙膏或牙粉轻轻敷在上面，利用牙膏的漂白作用，家具油漆的颜色就可由黄转白。但擦拭时切忌用力摩擦，因为牙膏、牙粉里的摩擦剂会把油漆磨掉，会损伤家具的表面。

④肥皂水、洗洁精等清洁产品不仅不能有效的去除堆积在家具表面的灰尘，也无法去除打光前的矽砂微粒，而且因为它们具有一定的腐蚀性，因而会损伤家具表面，让

家具的漆面变得暗淡无光。同时，如果水分渗透到木头里，还会导致木材发霉或局部变形，减短使用寿命。

⑤擦拭家具时，不要用粗布或者不再穿的旧衣服当抹布。最好用毛巾、棉布、棉织品或者法兰绒布等吸水性好的布料来擦拭家具。粗布、有线头的布或有缝线、纽扣等会刮伤家具表面的旧衣服，应尽量避免使用。

68. 木质家具如何修补与翻新？

（1）木质家具的修补方法

①裂缝修补法：在缝隙间填入油石灰，涂上同色的颜料。如裂缝较长，可将废报纸撕成碎片，加入一些明矾和清水煮成稠糊冷却后将其涂塞到裂缝上抹平。

②烫伤修补法：烫过的木质家具会出现白色的裂痕，可在烫痕上涂一些凡士林，过两天再用干软布擦拭干净，也可用软布蘸上酒精、煤油或花露水，用力擦拭。如果痕迹较老，用地板蜡擦也可除去。

③烧焦修补法：用樟脑油涂抹焦痕，或用专门涂刷家具伤痕的油漆来涂擦。

④光泽恢复法：漆面黯淡时，泡一壶浓茶，稍凉后，用软布蘸湿擦抹，或用淘米水擦拭。也可用棉花或软布蘸上低浓度的酒精或白酒擦拭。

⑤水印消除法：在水渍印痕上盖干净湿布，小心地用烫斗压烫湿布，这样，聚集在"水印"里的水会蒸发出来，水印就消失了。

⑥脱漆预防法：新家具使用前，擦一遍地板蜡，然后用干软布擦光，即可预防脱漆。

(2) 木质家具的翻新方法

木质家具所使用的涂料多为油溶性,因此在涂刷翻新前,可先穿上旧衣服,戴上手套,在地面铺上旧报纸。选择一个天气晴朗的日子,对木质家具进行涂刷,这样可使它更快干燥。新制的木质家具在涂油漆前要先上底漆,由于木材有纤维,上漆后会将纤维拉起,产生粗糙感,不美观。因此,需先上一层底漆,用砂纸磨平后,再漆上喜欢的色彩。如果是曾经涂饰过的家具,表面漆饰依然完好,可先用砂纸将其打磨一下,并轻轻地刷洗,以确保表面平滑,便于下一层漆料的附着。如果旧漆已经严重脱落,最好在上漆前刮除,如果表面粗糙,应先用较粗的砂纸打磨,再用蘸过松香水的软布擦拭。若要漆不同的颜色,则先要上一层底漆,干后再涂一层。涂饰门时,先刷凹凸的门面,再刷平坦的地方。桌椅的涂饰方法是先从椅脚开始刷,从下往上,再刷椅面及椅背。

69. 木质家具如何防霉防蛀?

(1) 防蛀法

①选用已经干燥到合格含水率的木材。购买木材做家具时,要选用已干燥、含水率低和木材品质好的。买回的木材如果含水率高,要立即按家具规格,锯解成木板或小方料,叠放在通风、干燥处晾干,切勿暴晒,以防爆裂、变形,晾干的木材由于不易被蛀虫寄生繁殖,做成的家具也不会被虫蛀。

②采用药剂防治法。木材在做家具前,如发生虫蛀,可用硼酸、硼砂各 1 份,加水 30 份,充分溶解后涂刷干燥

木材。反复涂刷几次，让药液渗入。晾干后再来做家具，家具做成时再涂刷一次，就不会发生虫蛀了。如果做好的家具仍发生虫蛀，可用煤油配成2%～5%的敌敌畏药液，涂刷3～4遍。若虫眼较大，可用脱脂棉花蘸药液堵塞，塞得越深越严越好。反复用药液涂刷几次，即可把蛀虫彻底杀灭。

(2) 被虫蛀后的木质家具复光方法

①浓茶擦洗法：先用开水泡一壶浓茶，绿茶或红茶均可，新茶或旧茶都行。待茶水冷凉，用旧丝绸布或柔软的细布，蘸茶水擦洗家具表面。经反复几次揩擦，家具的油漆表面，就会恢复光亮。

②机油揩擦法：用旧丝绸布或柔软细布，蘸少许缝纫机油，耐心细致地在家具表面反复擦拭，最后用干净软布揩擦干净，即可使褪色的家具光洁明亮。

③盐水漂洗法：用软布蘸少许淡盐水擦洗家具，盐水浓度（质量分数）为10%左右。反复擦洗几次，再用清水漂洗掉盐水。然后用软布揩擦干净，家具就可以光洁明亮。

70. 木质家具如何防白蚁？

(1) 白蚁入侵的主要途径

①白蚁从地下穿过土地和建筑空隙、管道等爬进建筑物进行危害活动。

②白蚁的成虫可以成群的飞落在建筑物内存活下来，经过几年的生长发育成为新的白蚁群体。

③人们在各种活动中也可能无意地把白蚁从一地带到另一地。例如，人们装修时，可能将白蚁随各种装饰材料、

包装材料、旧家具等人为带入。

(2) 白蚁危害的特点

①隐蔽性：除一年一度的季节性分飞外，工蚁、兵蚁从不露天活动，其巢穴多在地下和物体的隐蔽部位，一般人们不易发现，其危害通常是从内部向外部扩张的。

②广泛性：白蚁以纤维素为主要食源，而纤维素随处可见（包括木制品、纸制品、棉织品等），因此，人民生活中的衣、食、住、行和国民经济各个部门都会受白蚁危害。

③严重性：白蚁的生物特性是营巢群体性，一个成熟的白蚁巢少则几万只，多则几百万只，因此，白蚁危害十分严重，常可造成房屋坍塌，堤坝溃决，船沉，桥断，文物毁灭，档案消失，农作物被毁等严重后果。白蚁会分泌蚁酸（属强酸），能腐蚀钢筋、混凝土，能穿过坚实的墙体，所以白蚁是无孔不入的。

(3) 木质家具防白蚁的方法

木质家具防白蚁首先要选用抗白蚁蛀蚀性比较强的树种。我国常见树种中抗白蚁性强的有子京、柚木、铁力木、红椿、柠檬桉、红花天料木等。具有中等抗白蚁性的树种有华南五针松、大叶相思、白蜡树、麻栎、杉木、红锥等。而弱抗白蚁性的树种则有马尾松、云南松、油松、柳木、杨木、云杉、木棉、合欢等。木材抗白蚁蛀蚀性的强弱主要取决于木材的物理力学性质和木材中的内含物。一般来说，木材的硬度和密度越大，其抗白蚁蛀蚀性也越好。有一些树种细胞中的内含物可能对白蚁有趋避、毒性或拒食等作用，白蚁不喜欢接近或取食。

其次是采用药物治理的方法。对付家白蚁用得最广的是粉剂毒杀法，此法是将慢性毒药粉如灭蚁灵直接喷在蚁巢、分飞孔或蚁路内，使尽可能多的白蚁沾染药粉，靠中毒白蚁互相传递，达到杀灭全巢的目的。对散白蚁可采用液剂喷雾法，如喷洒3‰～5‰的五氯酚钠或1‰的氯丹水乳液，大面积的喷洒可收到良好的效果，但对环境污染严重。此外，可以采用毒饵诱杀法，将灭蚁灵、食用糖和松木屑按一定比例混合后埋在白蚁分飞活动处，用泥土封闭孔口，保持其原来的环境。堆砂白蚁主要采用熏蒸法防治，其中硫酰氟是防止堆砂白蚁的优良药剂，具有不燃、不爆、易扩散、渗透性强，不腐蚀和适于低温使用等特点。

71. 木质家具易受潮变形，如何防护处理？

木质家具受潮易变形是因为木质家具在使用过程中，会随着外界环境湿度的改变而吸收或放出一定的水分。因此，提高木质家具尺寸稳定性的根本措施是减少木材中的亲水基团，降低木材的吸水率，通常有以下几种做法

①机械抑制法：采用单板交叉层压的方法进行机械抑制，如板式家具中的胶合板采用相邻层相互垂直的组坯方式，就是基于这一原理，利用相互垂直的两张单板纵向和横向收缩上的差异互相抑制。

②覆膜保护法：采用防水涂料涂抹在木质家具的外部，如有需要内部也可涂饰，主要是油漆涂刷和石蜡等有机防水剂的浸渍处理。

③化学交联：采用可与木材中极性基团进行反应的化学药剂进行处理，封闭极性基团或在木材分子间形成网状交联，提高木材细胞自身的强度。

④抽提处理：在木质家具生产前，对木材中的极性物质进行抽提也可以在一定程度上降低木材的吸水性。

⑤填充处理：采用化学药品对木材细胞壁进行填充，使之尺寸固定失去干缩湿胀的可能，包括树脂浸渍，向木材中浸入不溶性无机盐，将酸、醇等浸入木材后进行酯化反应等。

在实际应用中，通常是同时采用几种方法或是一种方法也能起到多种作用。

72. 薄木贴面家具常见表面质量缺陷有哪些？其解决方法是什么？

（1）板面透胶的解决方法

薄木饰面板表面透胶会影响美观和后续的涂饰，可采用如下方法防止透胶。

①调整胶黏剂的配比，聚醋酸乙烯乳液与面粉增量剂的量应比脲醛树脂多，胶黏剂粘度高、树脂含量高，涂胶量在合适范围内尽量少。

②适当延长陈化时间。

③薄木含水率不宜太高，热压前可少量喷水。

④用有机溶剂将透出的胶擦去，或者用刀刮去、用砂纸擦去。

（2）防止或减少表面裂纹的方法

①增加热固性树脂比例，适当降低热压温度。

②胶贴的薄木纤维方向与基材纤维方向垂直胶贴。

③在薄木与基材间加入缓冲层。

④降低薄木含水率。

⑤选择符合要求的基材。

(3) 薄木污染变色的预防与处理

表面刷漆之前避免与铁质接触,如有变色,可以用双氧水或5%草酸溶液擦洗。

(4) 板面翘曲的解决方法

可适当减少脲醛树脂胶用量,使胶层柔软。降低热压温度、减少热压时间;热压后水平堆放,并压上重物。

(5) 拼缝不严的解决方法

胶贴时尽量挤紧薄木和基材的缝隙,增加脲醛树脂量;降低薄木含水率,并使其均匀。

(6) 色调不均匀的解决方法

使用基材着色的方法,预先将颜料或油漆涂饰在基材裂缝上,然后再覆盖薄木;或者用与薄木颜色相同的纸贴在基材上,也可以在胶黏剂中加入少量着色剂,使裂缝处不明显。

(7) 胶层龟裂、耐溶剂性差的解决方法

防止胶层龟裂、耐溶剂性差的方法:以脲醛胶为主时,可以加入聚醋酸乙烯乳液胶以增强抗老化性、防止胶层龟裂和透胶;以聚醋酸乙烯乳液胶为主时,加入脲醛胶,可提高强度,减少饰面板不可恢复的变形,减少薄木表面裂纹和拼缝间隙,改善胶层耐溶剂性。

(8) 薄木难以胶合的解决方法

解决方法:可使用乙醇丙酮等溶剂或 $1\% \sim 2\%$(质量分数)的碱液,或改用相应的胶粘剂即可。

73. 对板式家具边部常出现的分层及松软现象有哪些处理技术？

见表1。

表1 板式家具边部出现分层和松软后的处理措施

现象	原因	对应措施
分层	纤维板含水率高于封边材料	将购买的板材与封边材料在同样条件下放置一段时间再重新封边
	胶粘剂粘度不够	重新调胶后用注射器将新胶注入分层部位，压上重物
	纤维板端面不光洁	热水擦拭后重新封边
	施胶后陈放时间不够	清理表面后重新封边，压上重物，延长陈放时间
边角松软	胶粘剂粘度不够	重新调胶后用注射器将新胶注入分层部位，压上重物
	施胶不均匀	清理表面后用注射器将胶注入分层部位，压上重物

藤家具的清洁可用毛头软的刷子从网眼里由内向外拂去灰尘，如果污迹太重，可用平常的家用洗涤剂稀释后擦洗，然后用清水擦洗，最后再干擦一遍，擦洗结束后应及时放置于通风的地方干燥，避免日晒。若是白色的藤家具，一般是进行过漂白处理，为防止漂白剂氧化、老化，应尽量避免在阳光下暴晒，以防变色、干裂。藤制家具中会使用到胶料和涂料，应避免放置在暖气旁边，否则容易出现

涂料和胶料的干枯老化，出现变色和龟裂。

74. 竹家具如何防霉、防蛀、防虫？

竹材家具的"三防"是指防蛀、防霉和防腐。因为竹材比一般木材含有较多的营养物质如淀粉、糖分、蛋白质等容易被一些昆虫和微生物（真菌）作为生长的营养物而消耗和侵蚀。因此，防蛀主要是防止昆虫的侵害。目前一般的方法是首先在竹家具制造的原料选用上避免使用有虫蛀的原料，并经一定的物理化学方法处理，因此在竹家具的选购时应避免有虫蛀的家具。

75. 竹家具的使用与保养窍门有哪些？

使用环境保持通风干燥，避免家具受潮，夏天时尤其注意室内的通风干燥，湿热环境最容易使家具避免被霉菌侵蚀，如果家具受潮出现霉斑应及时进行清洁和干燥处理。在使用中若发现虫蛀，可以用超市购买的杀灭蚊虫和蟑螂的喷剂，滴入、喷入虫蛀孔，并用胶带封闭虫孔一段时间，可以有效杀灭蛀虫。如果是小件的竹家具或工艺品，可以将家具和工艺品密封在塑料袋或密闭的环境中再使用杀虫剂效果更加理想。

76. 制作藤家具如何进行藤条预处理？

野生或栽培的原藤可以用于加工藤家具的藤条要经过若干工序，一般是由生产厂来处理原藤。原藤到藤条的加工过程一般有：原藤的清洗、藤皮的剥除、品质的选择、弯曲的校正、长度的截断、藤芯的劈割、蒸煮或漂白处理和分等包装。

77. 藤家具表面装饰方法有哪些？各方法的优缺点是什么？

藤家具的表面装饰主要是指藤条的染色和藤家具的涂饰。其中藤条染色是在材料阶段进行的，制作成为藤家具后的表面装饰一般是指涂饰。经涂漆的藤家具表面覆盖一层具有一定硬度、耐水、耐候等性能的漆膜后可以降低光线、水分、大气、外力等因素的影响和菌、虫对家具的侵蚀，防止藤家具的变形、开裂、磨损、变色等问题，保持藤家具美观度和提高其使用寿命。

涂饰方法有零部件涂饰和家具整体涂饰，一般为整体涂饰，涂饰按表面纹理是否遮蔽分为透明涂饰和不透明涂饰，根据漆膜的表面光泽分为亮光涂饰和亚光涂饰。目前，采用聚氨酯漆透明涂饰的较多，藤条的颜色经漂白和染色处理可以得到不同的家具颜色和效果，这样的处理方式可以保持藤材的天然纹理不被遮蔽，优于采用色漆的涂饰方法。

78. 藤家具如何进行日常清洁与维护？

藤家具的使用环境应保持通风干燥，避免家具受潮，受潮后容易变色、变形。如果藤家具受潮了则会变得柔软，结构松散，平面下垂。因此，应避免其受力使用，注意不让它的编织形状走样，这样干燥后，可以收缩到其原来的尺寸。

藤家具的清洁可用毛头软的刷子从网眼里由内向外拂

去灰尘,如果污迹太重,可用平常的家用洗涤剂稀释后擦洗,然后用清水擦洗,最后再干擦一遍,擦洗结束后应及时放置于通风的地方干燥,避免日晒。若是白色的藤家具,一般是进行过漂白处理,为防止漂白剂氧化、老化,应尽量避免在阳光下暴晒,以防变色、干裂。藤制家具中会使用到胶料和涂料,应避免放置在暖气旁边,否则容易出现涂料和胶料的干枯老化,出现变色和龟裂。

79. 金属家具如何保养和除锈?

金属家具由不同种类的镀层构成,无论哪种涂装的金属家具,挪动时都要轻拿轻放,避免磕碰;避免触及硬金属件,如水果刀、钥匙等,以免造成划伤;折叠时不要过猛,保证折叠部分不受损。其保养方法分述如下。

①镀铬家具:镀铝家具不可放在潮湿处,否则容易生锈,甚至导致镀层脱落。镀铬膜如出现黄褐色网斑,用中性机油经常擦拭,可防其延展扩大。如已有生锈处,可用棉丝或毛刷蘸机油涂在锈处,片刻后再往复擦拭,到锈迹清除为止,万万不可用砂纸打磨。平时不用的镀铬家具可在镀铬层上涂一层防锈剂,放在干燥处。

②镀钛家具:真正的优质镀钛家具固然不会生锈,但最好少同水接触,经常用干棉丝或细布擦一擦,以保持光亮和美观。

③喷塑家具:喷塑家具如出现污渍,可用湿棉布擦净后再用干棉布擦干,注意不要留存水分。

④金属家具除锈:金属家具,如茶几、折叠椅等,极易生锈,锈迹初起,可用棉纱蘸少许醋擦除。对陈旧的锈

迹，可用薄竹片轻轻刮除，然后用醋棉纱擦拭，切不可用刀片等利器刮除，以免破坏表面金属层。新买的金属家具每天用干棉纱擦揩，可长久保持不锈。

80. 使用玻璃家具有哪些注意事项？

近年来，玻璃家具以其清澈透明、晶莹可爱、色彩艳丽的品质，极富情调和现代感，逐渐流行起来，尤其受到年轻人的钟爱。但玻璃家具的材质特殊，在使用过程中应注意以下几点。

①玻璃家具表面应保持洁净、干燥，避免与酸、碱等接触，防止被腐蚀。

②不要在玻璃家具上放重物，更不要在台面上推拉硬物，避免硬物碰撞或划伤玻璃家具。

③热胀冷缩容易使玻璃变形，造成玻璃家具破裂。因此，盛热开水和热汤的碗碟不能直接放在玻璃面上，必须要用台垫隔热。

④日常清洁用湿毛巾或报纸擦拭即可。如遇污迹可用肥皂水、酒精或洗洁精清洗，也可用玻璃清洗液，但切忌用硬物磨刮，也不要用酸碱性较强的溶液清洗。

⑤在运输玻璃家具时，要固定好底托上的脚轮，防止因滑动而损坏；平稳放置物件，沉重物件应放置在家具底部，防止家具重心不稳造成翻倒；不能将玻璃家具作为支撑台，站立其上进行高空作业。

⑥玻璃结合部分在移动位置时应整体抬起搬动，要托住底托，保持平稳，倾斜度不可过大，不能整体推动、更不能抬起一侧推动或拖拉，免致金属件产生变形、松动，

⑦玻璃家具的各项性能优良、坚固耐用，但损坏不易修补，故有螺丝处可加垫片连接。

⑧教育孩子不要贴近家具锐角、玻璃、金属部件位置玩耍，避免不慎受伤。

81. 如何防止皮革家具遭到白蚁蛀蚀？

白蚁又称白蚂蚁、白虎、无牙老虎，是世界五大害虫之一。它不仅吞噬家具、地板和门窗，还吃各种皮革、光缆甚至钢筋水泥。白蚁的主要食物是含纤维质的东西，嗜好吃木质纤维，因此各种木材是它的主食。在食物缺少的时候，它连纸张、皮革等都吃。

一般每年5月、6月是白蚁繁殖时间，此时白蚁的成虫分飞离开原来群体，寻找适宜的地方筑巢以建立新的群体。白蚁分飞以后，就会找合适的生存环境，一旦找到合适的生活环境，成活后就具有极强的繁殖率和极长的寿命。5月、6月是白蚁的高发季节，也是灭治的最佳时期，所以如果发现刚刚飞进来的白蚁，可采取一些应急措施，把门窗关上，清扫一堆后用开水烫死。此外，房间应保持干燥通风，特别是厨房、卫生间，各个角落不要堆积杂物，特别是富含纤维素的物品，比如废纸盒等，家具安放与墙体保持一定距离，便于检查和保持良好通风。

白蚁喜潮湿，怕干燥，多在潮湿有水源的地方建巢，因此要尽量把木质和皮质家具吸收和保持的湿度降到最低限度，增加通风和防潮措施。

防止白蚁危害的措施：

①创造不利白蚁生存的环境，一般采取通风、透光、干燥等措施来消除室内的潮湿，室内经常要打扫，清除一切能诱集白蚁的垃圾废品，楼梯及阴暗角落不宜堆放木柴杂物，室外场地尽量不要堆集枯枝、弃物或建筑木材等。

②预防白蚁的入侵，特别是在白蚁的繁殖分群季节，采取扑打、灯光诱杀或药物杀灭等方法消灭分飞的有翅繁殖蚁，防止新的蚁群产生。

白蚁的灭治需要根据具体情况，如白蚁种类和蚁害的程度等对症处置。一旦住户发现白蚁危害已经很严重，要及时请专业技术人员采取有效的灭治措施，阻止白蚁继续蔓延扩散侵袭，从根本上解除蚁患。

82. 如何防止皮革的颜色发生变化？

皮革制品在高温日晒以及空气氧化的作用下会变色，接触到化学药品以及在碱性条件下也会发生变色，在不通风潮湿的情况下还会发霉引起变色。因此在使用中要注意以下几点。

①对新购置的皮革制品，首先用清水洗湿毛巾，拧干后抹去皮革表面的尘埃以及污垢，再用护理剂轻擦皮革表面1~2遍（不要使用含蜡质的护理品），这样在真皮表面形成一层保护膜，使日后的污染物不易深入真皮毛孔，便于形成长期的保护。

②要尽量避免阳光直射。如客厅摆放皮革沙发等制品，又常有阳光照射，不妨隔一段时间把几个皮革沙发互调位置，以防色差明显。

③要避免油渍、圆珠笔、油墨等弄脏沙发。如发现沙

发上有污渍等，应立即用皮革清洁剂清洁，如没有皮革清洁剂，可用干净的白毛巾沾少许酒精轻抹污点，之后再用干一点的湿毛巾抹干，最后用保护剂护理。

④有汗液的身体不可直接与沙发接触，这是因为部分人体的汗液呈碱性，会引起皮革的变色。

⑤用清水冲洗毛巾（或其他柔软不褪色的抹布），拧干后折叠起来，手持折叠好的毛巾，喷上皮革保护剂直到微湿，拭抹皮革，轻轻揉擦，切勿用力摩擦，按顺序拭抹每一部分，重复喷上保护剂以保持布料微湿直到完成护理程序，以保护皮革的原色，从而延长使用寿命。

83. 皮革家具如何保养和清洁？

（1）皮革家具的保养

皮革家具舒适高档，但是使用过程中难免会出现一些问题，直接影响家具的使用寿命。在日常使用和保养方面首先要保证居室的通风，过于干燥或潮湿都会加速皮革的老化；其次，皮革沙发不要放在阳光直射到的地方，也不要放在空调直接吹到的地方，这样会使皮面变硬、褪色。清理沙发时要用纯棉布或丝绸沾湿后轻轻擦拭。皮革吸收力强，应注意防污，高档磨砂真皮尤其要注意。

皮革家具在使用过程中的注意事项

①避免锐器碰撞，避免利器划伤皮革。

②避免家庭饲养的宠物抓破皮革。

③避免在阳光下曝晒或接近取暖器，应远离散热物并避免太阳光直接照射。

④如果发现皮制家具有任何的损伤，不要擅自修补，

应请专业人员进行处理。

⑤为了延长使用寿命，要避免孩子在沙发上跳跃玩耍，有汗液的身体不可直接与沙发接触。

保养方法：皮革家具，怕热、怕阳光、怕冻、怕油，不能放置在卫生间、厨房使用。应常用干净软布保洁。如污垢较重，可用布蘸中性洗涤剂揩擦，然后用拧干的湿布擦抹，再用干布抹干，在家具上罩上布罩，如沙发套，椅套可以延长使用寿命。

（2）皮革家具的清洁

①日常清洁用将干净毛巾蘸过水后拧干，然后慢慢擦拭，小心不要擦伤表皮。

②如果皮革上有污渍，可以用干净的布蘸有微量洗涤剂的清水，轻轻擦拭除去灰尘和污垢，接着用清水抹1~2遍，待水八成干，最好让它自然风干，不要强行把它弄干，再均匀抹上皮革去污上光剂，可以使皮革光亮如新，并能避免皮具日久变得干燥脆硬，甚至出现开裂损坏现象。另外，还可以在擦之前先在不起眼的角落做个小实验，确定不会伤害皮质后再整体擦。

③如果有水渍或饮料洒在皮革家具上，应立即用干净布或海绵将其吸干，并用湿布擦抹，让其自然干，切勿用吹风筒吹干。

④若沾上油脂，可用干布擦干净，剩余的由其自然消散，或用清洁剂清洗，不可用水擦洗。

⑤不要用烈性去污品（汽油、松节油等）清洁皮革沙发。

84. 如何处理皮革家具的气味？

新买回来的皮革家具常常会散发出浓重的皮革味，一时难以去除，无论用多少空气清新剂，仍长时间地滋扰空间。皮革中的异味主要是在生产过程中遗留下来的化学物质挥发所致。一般来说，新出厂的皮革制品，都会有味道，如皮革沙发的味道，还包括里面粘结时所使用的胶水味，如果木方未干，通常还会包含木方的潮味，这些通过通风的方法，一般都能得到清除。可以在皮革家具买回来后在放置地方加大通风，皮革家居旁放置活性炭、芦荟，以吸收挥发出来的有害物质，加快化学物质的挥发。对有异味的皮面也可以尝试用稀释的米醋溶液擦拭，看异味是否能去除或减弱。

①通风除味法。最简单的方法那就是保持室内通风，在新买来皮革家具后的一段时期，应养成开窗通风的习惯，保持室内新鲜空气的循环对流，空气流通使得皮革气味挥发的更快。

②活性炭除味法。把买来的活性炭，用干净、透气性好的纱布包好，然后放在有气味的皮革家具旁，活性炭可吸附空间里存在的异味。活性炭天然的吸附功能使它成为除臭佳品。在皮革沙发或皮革床头位置放两块活性炭，皮革的气味可很快消除。

③水果除味法。可以放置柠檬或菠萝，把柠檬或者菠萝切开，这样它的果香会很好地挥发出来，抵挡室内的异味。或用柚子皮去除皮床气味。柚子皮的表皮也粗大，能吸附异味，方法和柠檬一样，切成几块，最好放置于沙发

的靠背与坐垫连接处,或放在床头,约1周左右,皮革的气味会慢慢消退,留下淡淡的一股幽香。

④用茶叶消除皮革的气味。茶叶有很好的吸收性,能吸收各种异味,将茶叶放在一个小袋里,悬挂于床头,能消除皮床的臭味。如果不嫌麻烦的话,可以泡一壶浓茶,将干净的抹布浸湿后拧干擦拭,一天多擦几次,效果会更好。酒精和柠檬水也可以。

⑤光触媒技术处理去除皮革异味。光触媒是一种光催化剂,经过表面氧化反应将有害物质分解成水和二氧化碳,净化能力强、效果稳定、无害,对真皮的消毒、去污、去味效果非常好。

85. 如何保养和清洁塑料家具?

塑料家具有防潮、轻便、好清理的特点,有耐水、耐磨、耐擦洗等的优点,平时的护理保养比较简单。塑料家具可用普通洗涤剂洗涤,注意勿碰到硬物,不要用金属刷洗刷。勤洗,防晒可保持塑料家具的常新久用。塑料家具保养不费力,只要用湿抹布擦拭或者使用清洁剂擦拭,然后再用干布擦拭就可以了。因为塑料家具易老化、脆裂,应尽量避免阳光直射和靠近炉灶和暖气片,防止刀尖硬物划伤,也要避免剧烈的碰撞等。

86. 使用塑料家具时有哪些注意事项?塑料家具出现问题后应如何修护?

在日常使用中,塑料家具某部分在经过从窗外射进的太阳光的短期照射后,表现出严重的褪色和变色。因此,在使用时应注意要避免暴晒,这样一则容易加速老化,二则容易褪色。

成分为聚氯乙烯的塑料家具易老化、脆裂,应尽量避免阳光直射和靠近炉灶和暖气片。如有破裂可用电烙铁烫软后粘合,也可以用香蕉水和聚氯乙烯碎末溶解成的胶水粘合。成分为聚丙烯的塑料家具耐光、油,对化学溶剂性能好,但硬度差,应防止碰撞和刀尖硬物划伤。如有开裂可用热熔法修补,不能用胶水粘合。

另外,塑料贴面家具不要受阳光直射和承受局部垂压、受热,防止贴面的结合部膨胀、脱胶,也要防止局部捶击,切割开裂。因塑料贴面家具的基体多为纤维板,极易受潮膨胀、分离,要特别注意防水防潮。如发现贴面与其基体脱开,应先将结合部位用香蕉水或二甲苯清洗,然后用万能胶粘贴复原,胶干以后,再在结合缝处用清漆封闭。白乳胶不耐水,不宜用来进行粘贴。

87. 如何保养和清洁布艺沙发?

近年来布艺沙发越来越畅销,人们喜欢其漂亮的图案设计和舒适的感觉。布艺沙发如果缺少"关照",不仅会变脏,而且也比较容易损坏。下面介绍一些清洁保养布艺沙发的方法。

①沙发背部同墙壁保持 1cm 的间隙,让沙发呼吸新鲜空气,预防布料发霉。

②最好摆放在阳光不能直接照射的地方,或用深色窗帘隔开日光,确保沙发面料长时间不变色。

③一周吸尘一次,沙发的扶手、靠背和缝隙等都必须

清洁干净，当然也可用毛巾擦拭，但在用吸尘器时，不要用吸刷，以防破坏纺织布上的织线而使布变得蓬松，更要避免以特大吸力来吸，此举可能导致织线被扯断，不妨考虑用小的吸尘器来清洁。

④沙发垫每周翻转使用，保证垫两面磨损均匀分布。

⑤勿将沙发靠近火源，不管是明火还是暗火。不能将沙发放到高温或阳光直射的环境下，否则就会表面脱落。

⑥切勿将沙发沾上有色水溶液或酸碱性的溶液，如不小心把水洒到沙发上应立即用干的棉布或纸巾将水分吸干。

⑦如沾有污渍，可用干净抹布蘸水擦拭，为避免留下印迹，最好从污渍外围抹起。丝绒家具不可蘸水，应使用干洗剂。

⑧布艺沙发的护套一般均可清洗。其中弹性套可在家中洗衣机清洗，较大型棉布或亚麻布护套则可拿到洗衣店清洗。熨平护套时应注意，有些弹性护套是易干免熨的，即使要熨也要考虑布料的外观，因而熨护套内侧较适宜。如果护套是棉质，则不宜熨烫。

⑨如发现松脱线头，不要用手扯断，最好用剪刀整齐地将线头剪平。

⑩一年用清洁剂清洁沙发一次，但事后必须把清洁剂彻底洗掉，否则更易染上污垢。至于清洁剂的选择，可选含防污剂的专门清洁剂。有些矽酮喷雾剂具有防尘的效果，可每个月喷一次。

⑪尽可能选全拆洗的布艺沙发，这样可每隔一段时间全面清洁保养，对于可拆卸的沙发清洗应以干洗方式清洗所有布套及衬套，千万不要水洗，防止收缩，禁止漂白。

88. 不同材料的床垫该如何进行不同方式的清洁？

随着物质文明和技术工艺的不断进步，现代人们使用的床垫种类逐渐趋向多元化，主要有弹簧床垫、乳胶床垫、棕榈床垫、钢化玻璃床垫、水床垫、气床垫等，在这些床垫中，弹簧床垫占较大的比重。在实际生活中，应根据不同类型的材料来清洁床垫。

①弹簧床垫：首先要看床垫的设计是否方便拆洗，如果本身具备拆洗功能的话，面料套可以拿至干洗店清洗，床垫的弹簧及内部结构是不能清洗的，以免遇水生锈。不方便拆洗的可以用真空吸尘器清洁床垫表面的灰尘、毛发和固体污渍，局部污渍可以用床垫清洁喷雾剂喷洒，再用清水多清洗几次，垫上纸巾用吸尘器反复吸几遍，这样就可以让残余的污渍转移到纸巾上，达到清洗的目的，如果有水没有干透就要用吹风机吹干。在此之后，进行全面清洁，用干洗喷剂对整个床垫进行全面去污，去污5min（分钟）后床垫表面会有粉末溢出，用刷子把它刷掉即可。最后用蒸汽熨斗进行高温蒸汽杀菌消毒。

②乳胶床垫：清洗容易，不招惹灰尘、细毛，易于进行手工或机器（洗衣机）清洗，只要脱水后用电扇吹干，或烘箱烘干，就不会变形，永保清洁。严禁在阳光下暴晒，以防止紫外线影响其使用寿命。

③棕榈床垫：不能采用蒸汽清洁，因为它会永远达到水的饱和，用干洗剂干洗即可。

④钢化玻璃床垫：这种床垫一般拆洗容易，只需定期清洁消毒杀菌，不需要很多清洁。有水或其他污染时，只

需干布擦拭即可。

⑤水床垫：非常卫生方便，与普通床不同的是，水床不会在床垫内部积累灰尘和皮肤碎屑。几乎所有水床都有一个可拆装可清洗的床面，清洗时可以真正去除粉尘。

⑥气床垫：没有绒面的底部和侧面，只要用沾湿肥皂水的抹布就可轻易地抹干净；若是绒面被弄脏了，则需用肥皂水彻底清洗，并让其自然干燥，不要使用吹风筒吹绒面，不能用洗衣机清洗空气床，不能使用天拿水等化学剂、洗涤粉或其他任何研磨粉。

89. 如何根据使用条件选择合适的家具表面装饰涂料？

木家具表面涂饰常用的涂料有 4 类。

（1）聚氨酯漆

聚氨酯漆种类繁多，按作用分，包括底漆、面漆、腻子、填孔漆与着色剂等品种；按透明度与颜色分，有透明清面漆、清底漆，有透明着色品种，有不透明的彩色、珠光、闪光、仿皮、裂纹漆等品种；按光泽分，有全光（亮光）、亚光；按组分分，有单组分聚氨酯漆和双组分聚氨酯漆，双组分聚氨酯漆是目前木器漆中应用最广泛的品种。

聚氨酯漆的耐磨性是所有涂料中最好的；漆膜附着力很强，因此很适合做木材的封闭漆与底漆，固化不受木材内含物、节疤和油分的影响。漆膜具有优异的耐化学腐蚀性能，可用于厨房、浴室、卫生间橱柜的涂饰，也可用于户外家具。聚氨酯漆施工季节不受限制，常温下可迅速固化。同时具有很高的耐热、耐寒性，可在（－40～

+120)℃下使用。聚氨酯清漆透明度高、颜色浅，漆膜平滑光洁，丰满光亮，不仅具有保护功能，还有很高的装饰价值。

（2）不饱和聚酯漆

按作用分为聚酯腻子、底漆与面漆；按透明度和颜色分为清底漆、清面漆、有色透明清漆与有色不透明彩色漆等；按光色分，有亮光与亚光；按施工隔氧方法可分为蜡型与非蜡型聚酯漆；按施工时是否需要隔氧可分为传统的厌氧聚酯与现代气干聚酯。

聚酯漆具有优异的综合性能。涂饰一次便可形成较厚的漆膜，可以减少施工次数，施工过程中基本没有有害气体挥发，对环境污染小。漆膜坚硬耐磨；耐水、耐热、耐油、耐酸、耐溶剂，耐多种化学药品性，还具有电气绝缘性；漆膜光泽度透明度都很好，经抛光可达到良好的镜面效果。聚酯漆的缺点在于，多组分漆贮藏、使用比较麻烦，配漆后施工时限短，一般需现用现配，用多少配多少。对木材表面要求很高，不能有脏污，内含物含量不能高，对后续涂层也有选择性。

使用聚酯漆需要特别注意安全，引发剂与促进剂直接混合可能导致燃烧爆炸，所以二者绝对不可直接混合。配漆时也要注意保持距离。不可把用引发剂浸过的棉纱或布放在阳光下照射，宜保存在水中；使用过后应在安全的地方烧掉，不能把引发剂和剩下的涂料倒进一般的下水道。如果促进剂温度升至35℃以上或突然倒进温度较高的容器时可能发泡喷出，与易燃物接触可能着火。引发剂和配好的漆应在低温黑暗处保存。涂饰细孔木材时（椴木、松木等），如不填孔直接涂饰，应使用低粘度聚酯漆，使其充分渗透以利于涂层附着；涂饰粗孔木材（柳桉、水曲柳等），如不填孔直接涂饰，应选用黏度略高的聚酯漆，以免向粗管孔渗透而发生收缩皱纹。如果连续涂饰可采用湿碰湿方式，两次涂饰时间25min左右；如喷涂后超过8h再涂，必须经过砂纸研磨。

（3）硝基漆

以硝化棉为主要成膜物质，有硝基清漆、各色硝基磁漆、硝基底漆与硝基腻子等。

硝基漆装饰性好，漆膜坚硬，清漆色泽接近木材原色，可充分显现木材天然花纹。注意涂饰过程中大量溶剂挥发到空气中造成污染，且易燃易爆，必须严格注意通风。

（4）水性漆

主要是水溶性漆和乳胶漆两种，木材表面应用的较多的是乳胶漆。水性漆无毒无味，不污染环境，贮存、运输和使用中无火灾与爆炸危险。但施工时必须等涂层干透才能进行下道工序。

90. 手工涂饰家具有哪些方法？分别有什么特点？

手工涂装工具比较简单，适用于不同形状和体积的涂装对象，但是需要一定的熟练程度才能获得良好的涂装质量。根据使用的工具不同，手工涂装可以分为刷涂法、刮涂法和擦涂法。

（1）刷涂

涂刷木家具最常用的工具是扁鬃刷、羊毛排笔和羊毛板刷。除了少数较为粘稠、固化太快的涂料不宜使用刷涂外，大部分涂料都可以刷涂。选购扁鬃刷时，应挑选鬃毛厚实整齐、毛根硬而富有弹性、用手清扫鬃毛不易脱落者。扁鬃刷的刷毛弹性与强度比羊毛排笔大，因此适合涂刷粘度大的涂料，如酚醛漆、调和漆、油性漆等。注意不同颜色的油漆要使用不同的刷子，以免影响颜色。蘸漆后刷子应靠容器边缘轻轻挤出多余的漆，以免涂饰时造成不均匀。

刷涂可分为三步：首先按需要的用漆量在表面上顺木纹涂刷几个长条，每条之间保持一定距离；然后刷子不再蘸漆，将已涂的长条横向或斜向展开并涂刷均匀；最后将漆刷上残留的多余涂料在桶边挤干净后再顺着木纹方向均匀刷平以消除刷痕，形成平滑而均匀的涂层。操作顺序通常是先里后外、先左后右、先上后下、先线角后平面，围绕家具从左向右一个面一个面地刷，避免遗漏。刷涂柜子时，要先用小木块将柜角垫起，以免漆刷接触地面沾上沙土。油性漆一般干燥慢，可反复回刷多次以获得均匀涂层。但有些醇酸漆涂层干的较快，应选用毛较厚较硬的长毛鬃刷，增加蘸漆次数、加快刷涂速度，及时收刷边缘棱角，以防产生涂层厚薄不均、粗糙、流挂等缺陷。

排笔刷毛软而富有弹性，适用于粘度较低的涂料，如水色、虫胶漆、酒色、硝基漆、聚酯漆、聚氨酯漆、丙烯酸漆等。使用中刷毛极易脱落在涂层上，要及时挑出。

（2）刮涂

刮涂使用的工具有嵌刀、铲刀、牛角刮刀、橡皮刮刀和钢板刮刀等。主要用于将木材表面上的虫眼、钉眼、裂缝等局部缺陷用腻子补平，或者用填孔着色剂或填平漆全面刮涂在整个表面上。

(3) 擦涂

擦涂法是用棉球蘸取低浓度挥发性漆，多次擦涂表面形成漆膜的方法，速度很慢，但是可以获得韧性好、表面平整光滑、木材纹理清晰的透明漆膜。同时，木材表面的各种缺陷如斑点、条痕等都会明显的暴露出来，所以要求木材表面比较完美。擦涂工具为棉球，内层用旧绒线，外层包布可用棉布、亚麻布或细麻布等。擦涂时蘸漆不宜过多，只要轻轻挤压时有适量的漆从内渗出即可。一般先在表面上顺木纹擦涂几遍，接着顺木纹进行圈涂，从一头擦涂到另一头。圈涂几遍后可能留下曲形涂痕，因此还要横涂、斜涂数遍后，再顺木纹直涂，以得到平整的漆膜。这样就完成了一次擦涂。静置一段时间后再进行第二次擦涂，最后进行漆膜修整，完成整个涂装过程。

91. 如何根据使用条件选择合适的家具胶粘剂？

手工打制木家具常用的胶黏剂有 4 大类。

①贴面用胶：热压用胶有酚醛树脂胶、脲醛树脂胶、改性聚醋酸乙烯酯乳液胶、脲醛树脂胶与改性聚醋酸乙烯酯乳液胶的混合胶。冷压用胶有聚醋酸乙烯酯乳液胶、改性聚醋酸乙烯酯乳液胶。

②边部处理用胶：包括直线、直曲线及软成型封边用胶和后成型包边用胶，二者均为热熔性胶，所需熔化温度较高，日常中使用较少。

③指接材、实木拼板用胶：聚醋酸乙烯酯乳液胶、改性聚醋酸乙烯酯乳液胶、异氰酸酯胶粘剂、脲醛树脂胶与改性的三聚氰胺树脂胶的混合胶。

④胶合弯曲件用胶：聚醋酸乙烯酯乳液胶、改性聚醋酸乙烯酯乳液胶、脲醛树脂胶、脲醛树脂胶与改性的三聚氰胺树脂胶的混合胶。

胶粘剂的选择主要根据被胶合木材的种类、家具的使用条件、胶合工艺以及胶粘剂特性等因素。尺寸较大的木家具零件，往往由于木材干缩和湿胀的特性使其收缩或膨胀从而引起翘曲变形。为了使家具尽可能的不变形，保证使用，尺寸较大的零部件可以采用窄板或小料胶拼而成，这样不仅提高木材利用率、节约材料，还可以改善胶接质量。

胶合制成的木家具在使用中要注意环境条件，因为室内、室外的使用条件如相对湿度、温度、酸碱度和负荷等差异很大，应选用不同的胶粘剂。室外使用的木制品必须选择耐水性强、耐酸耐碱耐日照的胶黏剂；室内使用的家具则可以选用低毒或无毒、耐水性强、耐候性稍差的胶粘剂。酚醛树脂的耐久性远远超过脲醛树脂和三聚氰胺树脂。脲醛树脂在高温、高湿及强酸条件下使用，胶层易老化，不适宜做永久性的胶接制品。三聚氰胺树脂耐久性较好，但是在高温、高湿反复的条件下耐久性不如酚醛树脂。聚醋酸乙烯酯乳液胶在室内条件下具有相当好的耐久性。在使用时应在保证胶合强度的前提下尽量选择经济型胶粘剂，以降低成本。

值得注意的是，脲醛树脂以甲醛为主要成分，因此凡是有用到脲醛树脂的地方总会不可避免的有甲醛气体的释放，对室内环境造成危害。如果在打制室内家具的过程中使用了脲醛树脂胶，一定要注意通风。

92. 手工制作实木家具的接合方式和装配顺序各是什么？

家具常用的接合方式有榫接合、胶接合、钉接合、木螺钉接合、连接件接合等。榫接合按形状分有直角榫、燕尾榫、圆榫和椭圆榫等；按榫头数目分有单榫、双榫和多榫之分。胶接合除用于大件拼接以及覆面封边等，也广泛用于钉接合、榫接合等的加固。木螺钉接合需在横纹方向拧入木材构件，纵向拧入接合强度低。

装配过程中应注意以下几点：

①对于榫接合，榫头和榫眼两边都要涂胶，接合时要轻轻压入或敲入，避免零件劈裂。挤出来的胶液要及时擦除，以免影响涂饰质量。

②手工装配时，锤子不要直接敲在部件上，应垫一块硬木板，以免留下锤痕。

③拧木螺钉时只允许用锤敲入木螺钉长度的1/3，其余部分要用旋具拧入，不可用锤子一敲到底。

将经过修整的家具零部件组装成整体，有以下 4 个步骤：

①形成家具的主骨架；
②安装用于主骨架的固定零部件；
③安装在导向装置或用铰链连接的活动部件；
④装上所有次要的或装饰性的零部件。

装配示例 1　方桌的接合与装配

腿及望板为榫、胶接合，再加塞角胶钉接合。望板应钻螺钉孔，以备木螺钉和面板连接。检查尺寸是否准确，榫和榫眼配合是否准确,如发现零件规格和质量有问题,应在敲拢之前及时解决。

①面板。面板四周的包线夹角拼接,涂上胶水,圆钉沉头,胶钉接合后上下刨平。面板下面缩进8mm,钉上覆线,夹角拼接,并涂上胶水。手工锉圆角,整理光滑。

②脚架。将配对的桌腿横放在工作台上,涂上胶水,将望板敲入,组成两个腿的单片。将两幅单片再敲入两根望板,组成完整的四腿脚架。在四腿脚架上用胶钉装上塞角,也可以安装完面板后再安装塞角。

③方桌成品。将面板底朝上仰放在工作台上,用木螺钉连接脚架(望板),组成完整的方桌。

装配示例2 弯脚床头柜的接合与装配

柜门是嵌在两旁腿里面的,这种门的装置称为里开门或"藏堂门"。门里抽屉在装铰链的一边前后要各贴上一块短桩,抽屉才可拉出。搁板应放在抽屉与底板中间。

①钉面板覆线。注意在钉覆线之前,应看清定型细木工板框架的前后面。先钉前覆线,再钉横覆线、后覆线,然后加工线型,最后打磨光滑。

②敲旁架、嵌板。

③胶钉旁挡。注意顺斗挡的位置,一定要符合要求,才能使抽屉自由推拉。顺斗挡旋在衬挡的下方,位置和要求同右旁。

④敲拢柜身。先将前后四根斗横挡敲入一扇旁板,然后将后背板嵌入旁后腿,底板嵌入下旁帽头,再把另一扇旁板敲入,柜身就装好了。

⑤敲拢脚架。注意辨别清楚前后脚。先将两根弯型侧

望板敲入配对的弯脚上,然后再将一根弯型前望板和一根平直的后望板敲入左右单片,即成脚架。

⑥钉底线。底线的钉法与覆线相同。

⑦固定面板和脚架。将整理好的面板覆线朝上,柜身倒放在面板覆线上,用木螺钉固定;再将脚架倒覆在柜身底部,也用木螺钉固定。但在固定面板和脚架时应注意正、侧三面(包括圆角)的线型都要伸出柜身2mm,如不均匀需及时修正。

⑧敲拢抽屉。屉面部位要根据规格尺寸,不能缩小,抽屉后部要缩小2mm。

⑨修整、试装。先整理、试装抽屉,插进底板,钉上圆钉。再装好搁板,然后将刨光、砂好的门板校正试装。柜门的上下边和右侧边应刨方正,左侧边略微向里倾斜,便于开闭。铰链和锁待涂饰完工后再装配。

93. 板式家具手工拆装的注意事项有哪些?

搬家的时候板式家具可以拆成零部件以便搬运。铸铝的钉子咬劲很足,钉子上有对位标记,有旋转方向提示,但是很容易坏,有10%禁不起反复用,需要备些备用的。需要标记位置,否则很难复原。退螺丝的时候拧半下,待一字的方向变了以后把榫拔出来就可以了。重新组装难度不是很大,但一般只能拆2次,多了会影响接合的牢固程度,造成家具没有以前结实。拆装顺序应是先拆活动部件,然后拆主骨架部件;装的时候则是先装主体骨架,然后再装活动部件。

94. 如何验收定制的木质家具?

定制家具是一个新的潮流,可根据实际空间来进行人性化的设计和制作。专业的家具设计顾问会深入了解消费者的家庭成员、生活习惯和生活方式等情况,并依此提出空间划分建议、家具搭配、色彩搭配、装饰品搭配等整体家居解决方案。最常见的定制木质家具是橱柜。随着人们生活水平的提高,定制木质家具已经延伸到了卧室家具、客厅家具、书房家具等。

木质家具的验收标准是《木家具 质量检验及质量评定》(QB/T 1951.1-1994),该标准规定了木家具检验分类、检验项目、抽样规则、试验方法、试验程序和检验结果的评定,适用于木家具产品质量检验和评定。检验项目包括外观,尺寸,用料要求,木工要求,涂饰要求,漆膜理化性能,软、硬质覆面理化性能,力学性能共 8 项。消费者在定制家具的验收过程中,由于缺少专业经验及设备,很难参照标准进行验收。下面介绍几种定制木家具的验收常识。

(1) 门及门套基本要求和验收方法

门及门套的品种规格,开启方向及安装位置应符合设计规定。安装必须牢固,横平竖直,高低一致。门框与门页之间空隙在 (4~6) mm。门扇应开启灵活,无阻滞及反弹现象,关闭后不翘角,不露缝。厚度均匀,外观洁净,大面无划痕、碰伤、缺棱等现象。拼块严密,镶贴幻彩线粘贴牢固平顺,烙缝平直,弧线顺畅。采用目测和手感方法验收。

(2) 推拉门、折叠门的基本要求和验收方法

安装必须牢固，推拉灵活流畅，门页一致，横平竖直，大小一样，拉拢后不得出现顺 V 字形。门页与门页之间在横向留缝 5mm 左右，以免推拉时碰撞。折叠门应折叠灵活方便。采用目测和手感方法验收。

(3) 衣柜的基本要求和验收方法

造型、结构的安装位置应符合设计要求，框架应垂直、水平。柜内应洁净，表面应砂磨光滑，不应有毛刺和锤印。大面无划痕、碰伤、缺棱等现象。贴面板及线条，应平整牢固，不脱胶，边角不起翘。柜门安装牢固，开关灵活，上下缝一致，横平竖直，拼块应平直严密，镶贴幻彩线粘贴平顺。采用目测和手感方法验收。夹板与墙之间应做防潮处理，墙面涂防潮剂或防水材料，板刷光油，双面做防潮处理。

(4) 写字台的基本要求和验收方法

制作造型、结构和安装位置应符合设计安全的理念。面板、线条、幻彩线等粘贴平整牢固，不脱胶，边角不起翘。表面应砂磨光滑，不得有毛刺和锤印。大面无伤痕、缺棱等现象。抽屉轨道间隙应严密，推拉灵活，无阻滞、脱轨现象。采用目测和手感方法验收。

定制木家具的种类有很多，不能一一列举，其他种类木家具的验收可以参照以上几种验收方法。验收后要保管好"定做合同"，在使用过程中出现质量问题及时与商家协商解决。

95. 怎样防止由于家具造成的衣物甲醛污染？

有些家庭搬入新居后，将衣服放进了衣柜，殊不知，

衣柜中的甲醛会对衣物造成污染。

由于制造家具时使用的各种密度板等人造板材大部分都使用含有甲醛的胶粘剂，如果购买的家具和装修使用的大芯板甲醛含量比较高，或者制作工艺不合格，不断释放出来的游离甲醛不但会造成室内环境污染，同时也会直接污染放在衣柜里面的衣物。一些棉织品的睡衣、儿童服装和内衣吸附力特别强。室内环境监测中心测试表明，放在含有甲醛的衣柜里的衣物上甲醛含量大大超过生产时的甲醛含量。

那么，怎样防止由于家具造成的衣物甲醛污染呢？

①在购买家具时要注意，要购买符合国家标准的家具，同时还要注意家具的工艺，最好选用木板材料密封程度较高的家具。

②新买的家具不要急于放进居室，有条件最好让家具里的有害气体尽快释放一段时间再用。

③新买的人造木板制作的衣柜使用时尽量不要把内衣、睡衣和儿童的服装放在里面。

④夏天放在衣柜里的被子、毛毯和秋冬衣物也要注意，里面会吸附大量甲醛，使用时一定要充分晾晒或者漂洗。

⑤要注意观察家具使用情况，如果购买或者用大芯板制作的家具在使用时发现有刺激性气味、辣眼睛，同时发现家人特别是儿童经常如出现皮肤过敏、情绪不安、饮食不佳、连续咳嗽等症状，应考虑可能是甲醛惹的祸，要尽快请室内环境监测中心进行检测，同时采取有效的处理方法。

⑥儿童的衣物细碎，家长可以暂时将儿童衣物放在塑料整理箱中，既能使衣物不受污染，又便于存放、整理。

消费维权

96. 在购买家具时,消费者与商家签合同时应注意些什么?

目前,国家对于家具产品并没有统一的保修规定,所以许多家具品牌对保修期限及范围作了不同的规定,例如,曲美家具提供"1年保修,终身维修"服务,强力家具提出"3年质保,终身维修",还有一些衣柜品牌对板材保修1年,对所有五金配件保修5年。那么消费者在购买家具时如何才能保护自己的合法权益不受侵犯?如何才能让商家真正落实他们所宣传的保修期内的售后服务呢?一方面要靠商家的诚信,另一方面消费者自己也要特别用心,可以在购买家具时,与商家签订家具买卖合同,这样日后可以及时维护自身的合法权益。

一讲到保修期,人们首先想到的是手机、家电等产品,那么家具呢?上面已经提到,没有统一的保修期。那么其保修又包括哪些范围和内容呢?许多人并不知晓,当家具在保修期内可以保修时却没有及时联系商家或是根本不知道它的具体保修期限,等到过了保修期再问及商家时,就要自掏腰包花冤枉钱。目前家具保修及售后问题主要集中在以下三个方面:一是红木家具所用材料的真假;二是沙发的内部结构存在质量缺陷;三是软床垫的弹簧问题。消费者在购买家具的时候就应该注意这些问题,以防日后不必要的麻烦。

虽然国家对于家具产品没有统一的保修规定，但北京的消费者比较幸运，在购买家具时可享受"三包"服务，因为北京地区有相关的规定——《北京市家具产品修理、更换、退货责任规定》，该规定指出：自消费者收到家具之日起90日内，发生严重质量问题，消费者可以选择退货、换货或修理；自收到家具之日起180日内，发生严重质量问题，消费者可以选择换货或修理。另外，在这里提醒读者：家具没有统一的保修期，但家装有保修期，家装保修期两年。目前全国范围内有据可查的规定是建设部2002年发布的《住宅室内装饰装修管理办法》。消费者应当与装饰公司签订《家庭居室装饰装修工程施工合同》。按照合同规定，自验收合格双方签字之日起，在正常使用条件下室内装饰装修工程保修期限为两年，有防水要求的厨房、卫生间防渗漏工程保修期限为5年。

所以从上可以看出，消费者想要很好地维护自己的合法权益，关键在于要与商家签订相关的合同，并充分了解家具的保修期限和具体保修范围。

97. 如何认清木质家具花哨的名字？

目前市场上建筑材料（包括木材）"一种材料多个名称"，"一个名称多种材料"的现象很普遍，面对花哨的名字，消费者一定要保持冷静，谨防走进不法商家设计的陷阱。譬如底下这则假花梨木家具售出高价的例子。

李女士在某家具市场订购了一套"花梨木"家具，后找专业机构检测发现，自己购买的家具材质为古夷苏木。其实，花梨木是红木类的一种，而古夷苏木不属于红木类，当然也不是花梨木。因此，消费者在购买此类家具时，应该弄清家具材质的真实类别、通用商品名称，并向销售者索取产品说明书，开具发票，并在发票上注明购买的红木家具的材质等，以便日后能合法地维护自己的权益。

经调查发现，一些建筑材料名称的使用较为混乱，给普通的建筑材料取个好听的名字，已成为一些商家诱惑消费者的常用伎俩。比如在一家地板经销店内，一款被赋予"檀木花"名称的地板每平方米卖到200元，比普通实木地板高出50元左右。而目前木材的标准中，并没有"檀木花"之称。

很多建筑材料的用材没什么特别之处，但被冠以动听、特殊的名字后，价格就翻番了，譬如实木地板名称中，光是所谓的"檀木"就有红檀、玉檀、铁檀、紫檀等，但很多名称是商家自己编出来的。如紫檀，是一种非常名贵的木材，资源稀少，几乎不可能拿来做地板，而市场上的"紫檀"地板却不在少数，其价格也比普通实木地板每平方米高出200元左右。还有一些像"黄金木"、"富贵木"、"象牙木"等名称，在木材名称的国家标准中是查不到的。所以消费者要明白，商家这么做，就是为图个好价钱，面对动听、花哨的名字，一定要警惕。应选择重质量、重服务、重信誉的企业的优质产品，对一些无厂址、无品名及外包装不规范的产品，应慎重甄别，不要盲目追求名贵，特别是对于标价较高、名称古怪的建材产品，更要多加警惕。

98. 新买的床三天就断了，消费者该如何维权？

某消费者投诉说新买的床使用第三天就出现床下横梁

断裂，经过交涉，卖方同意为买方换另一套床和床头柜，但对买方退还原床货款的要求没有回应。调查显示，床具出现质量问题的消费者占调查人数的51.9%，其中床体有响声是普遍反映的质量情况，占48.1%，另外床板断塌和床体有味也属于常见问题，共占30%多。出现质量问题后，要求换货和厂家维修的消费者占了53.9%，要求退货和赔偿的只占5.7%；而在厂家解决问题一项，根据调查，对厂家解决结果很满意的只占9.6%，而厂家拖而未决的情况占到73.1%。

虽然床具的类型很多，但一些产品在用料及环保方面不能让人满意。除质量问题外，一些品牌冒充国外进口的情况也很常见，因此在购买时，产地、材质、环保等关键问题一定要问清楚。那么消费者该如何购买床具呢？首先，到大的连锁家居卖场内的品牌店购买，这样的卖场一般都有第三方监督，购买家具时需要加盖卖场的章，出现问题后，很多卖场会有"先行赔付"的承诺，即使品牌不解决问题，市场方也有责任解决。另外在购买家具时，最好不要签订商家自行提供的合同，签订当地的家具买卖合同，譬如北京、天津、上海、宁波等地都有此类合同，如《2009北京市家具买卖合同》。有些城市也许没有这样的合同，那么消费者要注意合同中除产地、材质等要注明外，还要求质量标准达到《家具使用说明书》中明示的执行标准。家具质量问题要按照各省市的《家具产品修理、更换、退货责任规定》执行。

还有不同类型的床具会出现不同的问题，消费者也要注意。比如：采用五金件连接的板式床，较容易出现连接不牢固的情况，从而产生床体松动、发出响声，同时注意板材是否环保；实木床会因为含水率的变化变形，在使用时，不能置于过于干燥或潮湿的环境中；软包床包括布包和皮包两种，框架采用人造板，外部用海绵、布艺、皮质等包裹起来，所以此类床不仅要关注框架中的人造板材是否环保，还要看其使用的海绵、面料是否环保；金属床如果制造工艺不合格，易发生弯曲。

99. 深圳家具昆明变色，为何异地维权成本高？

异地购买家具，维权成本太高。孙先生想买套家具，走了几家家具城，算了下价钱，在昆明买齐这些需花费5万元，朋友告诉他，到深圳买这些家具仅需4万元。于是，孙先生到深圳订购了这套家具，除去来回的机票及其他费用，他省下了1万元。孙先生购买家具时经过认真挑选，感觉质量没有问题，但家具运到昆明后发现不是他所要的颜色，打电话给深圳那边的商家，却声称就是他要的那套，并拒绝退货或换货，可是孙先生翻出收据一看，确实与他所要购买家具的颜色不符。虽然想到深圳去和商家理论，但是这么笨重的家具运过去，既麻烦，自己还要出运费。而且去到那里一时半会儿也不可能解决问题，再加上吃住的费用，以及在单位请假扣的钱，还要费精力，在异地买家具真是得不偿失。

从法律的角度来讲，对方出具的收据上清楚写明了颜色、规格等内容，那么颜色不符就是对方违约，孙先生可以向深圳消费者协会投诉。不过从这个例子可以看出：到异地买家具并不像市民想象的那么划算，毕竟机票、吃住等额外费用也不少。除价格外,异地购买家具还存在着被调包、无人安装、家具容易被磕坏、难以维权或维权成本太高等问题。所以各位消费者应谨慎决定是否购买异地家具,因为一旦出现问题,维权成本太高,不划算,还费时费力,不如就近选择,也不容易出问题,维护自身权益也方便。

100. "进口家具"惊变国产家具,消协提醒注意索要哪些相关的证明文件?

消费者购买家具,不能轻信广告言词。湖北一位黄先生在某家居广场购买家具,销售人员声称是进口家具,黄先生当场支付5000元订金,并签订了10.5万元购货协议书,之后又向该商场支付了5万元货款。后发现另一家具城也出售同样的家具且便宜很多,于是怀疑他买的那套不是进口家具,要求商场主管人员提供那批家具的进口凭证。不料那商场主管人员否认了销售人员曾经说过家具是从外国进口的,称双方是现场看货交易的,加上收据上也没有说明家具是外国进口,拒绝提供进口凭证和退还货款及订金,黄先生便投诉到消费者委员会。在调解过程中,商场主管人员坚决否认他们的销售人员有谎称"进口家具"的欺骗行为。为取得证据,消委会将案件"重演",两名工作人员到商场"购买"家具。果不其然,销售人员依旧声称这些家具是进口的,当被要求拿出相关进口证明文件时,销售人员却说必须先付50%的货款,才能拿到产品说明以及进口证明文件。掌握到该单位欺骗消费者的证据后,消委会以《中华人民共和国消费者权益保护法》为武器,要求商家承担整起事件的责任。该家具商场最终退回订金以及全部货款，并补偿4000元损失给投诉人。

上述案例属于服务承诺不兑现的问题，是欺诈行为。有些商家为了招揽生意，利用发布广告等形式吸引消费者注意，消费者必须保持头脑清醒，对对方的资质、信誉度等全面了解，绝不可轻信广告言词。一旦陷入纠纷，首先保存好相关证据材料，到消协投诉、或到法院起诉，要求商家赔偿。对此，《中华人民共和国合同法》第113条第二款规定，经营者对消费者提供商品或者服务有欺诈行为的，依照《中华人民共和国消费者权益保护法》的规定承担损害赔偿责任，即"双倍赔偿"。

案例1　自费检测甲醛超标3倍，消协调解厂商最终"买单"

2009年3月份，方女士在南京一处家具卖场购买了一套价值11000余元的橱柜，可当橱柜运到家里安装好的时候，方女士却感觉有些不对劲。因为只要门窗稍微关上几分钟，厨房里面就满屋子飘着一种刺鼻的气味。当时，方女士就向橱柜公司打了电话，反映了自己的遭遇，可是对方告诉她，这种新橱柜有点味道是正常的，只要经常通通风，过两三个月，味道就没有了。

橱柜的味道之大，令方女士再也难以忍受，于是愤然找到这家橱柜的生产商，要求对方退还所购家具全款的50%，可是面对方女士的要求，这家橱柜厂商的老板断然拒绝，并称还是第一次听说有人以"有味道"来要求退货。

听到对方的解释，方女士虽然有些疑惑，但是一想自己毕竟是花万元买来的橱柜，而且对方也好歹是个知名品牌，因此也就暂时相信了对方的一番解释，勉强使用起来，可是令她没有想到的是，整整半年过去了，家中这个橱柜依旧怪味袭人。

一边是家中橱柜弥漫的刺激性气味，一边是橱柜厂商的断然拒绝。万般无奈之下，方女士将橱柜中的抽屉卸了下来，拿着木板来到了具有检测资质的南京市质检站。几天之后，方女士拿到了检测报告，根据该份针对板材有害气体排放的检测数据显示，该抽屉木板的甲醛含量竟然超标3倍。

"原来橱柜中的刺激性气味就是甲醛呀。"看着质检部门提供的检测报告，方女士坦言自己当时也被吓了一跳，因为她知道甲醛这种物质可以致癌，看来这橱柜非退不可。于是她再次拿着检测报告找到了橱柜的生产厂商，然而面对这一检测结果，对方竟然还是矢口否认，声称这只能代表橱柜抽屉有问题，不能说明整个橱柜有问题，因而不能退货。面对橱柜生产商的"诡辩"，方女士无奈之下来到了南京市消费者协会寻求援助。

"根据这份检测报告，显然能够说明方女士所购的橱柜质量存在问题。"处理该起投诉的南京市消费者协会的相关人士表示，他们在调查后认定，该橱柜厂商所销售的产品确实为不合格产品，所以消费者的维权要求并不过分。而根据厂家在该件事情上的处理态度，消协还建议方女士将退赔要求提高，即按照原价退掉使用半年的橱柜，并由橱柜公司支付所有的检测费用。就在南京市消协准备援助消费者，再次对橱柜有害气体时行全面检测时，这家原先"牛气"的橱柜公司主动前往消协，表示愿意接受调解，将方女士的橱柜进行全款退赔，并支付她所花的1000元检测费用。

案例2　家具甲醛污染案，买家告倒销售商

由于怀疑自己新买回家的一套家具甲醛超标，并由此导致女儿反复生病，消费者张先生无奈把苏州市某家具有限公司告上法庭，要求退货，并进行索赔。日前，法院一审判决家具公司接受退货，退还家具款，还需承担张先生女儿的医药费。家具疑似甲醛超标。

2008年3月8日，市民张先生搬进了装修一新的新家。然而，入住不久，他发现自己一进房间眼睛就会流泪。他的女儿也反复出现感冒、咳嗽、打喷嚏等症状，而且久治不愈。家中的种种异常现象让张先生开始怀疑室内的空气质量是否出了问题。然而，新家采用的是环保装修，木地板也全是免漆地板，渐渐地，他把怀疑对象锁定新买回的一套售价31550元的家具上。

为了彻底查明事实真相，前年7月22日，他委托权威检测机构对其室内8个不同地方的甲醛、苯、TVOC含量进行检测。检测结果让他大吃一惊："室内空气中甲醛浓度全部超过国家标准，不合格；室内空气中TVOC浓度全部超过国家标准，不合格。"副卧室的甲醛含量超出国家标准7倍以上。

有了权威的检测报告，张先生心里有了底。他马上找到销售商进行交涉并要求退货。经销商提出，当初买家具

时，其附送张先生的床垫可能有问题。但是，当经销商为其免费更换床垫过后，张先生的女儿还是反复生病。

为了再次证明是家具出了问题。前年8月20日，张先生再次委托检测机构对其室内甲醛含量进行检测。检测结论证实：室内甲醛全部超标。

满怀信心的张先生又去找经销商讨说法，岂料对方给他出具了由某省有关部门开出的"家具为合格产品"的检验报告，交涉一下子陷入了僵局。

2008年9月14日，不甘心的张先生第3次请检测机构对其室内甲醛含量进行检测。这次，他留了个心眼。他把书房里的新家具全部搬走，而副卧室里的新家具保持原样。检测结论为："书房基本达标，副卧室还是甲醛超标7倍。"但是，经销商依然不接受这个检测结论。

由于家具发票上标明销货单位是"苏州市某家具有限公司"，为维护自身合法权益，张先生于2008年10月把销售商"苏州市某家具有限公司"告上法庭，打起环境污染损害赔偿官司。他要求退货，拿回家具款，赔偿女儿医药费，并索赔精神损害抚慰金3万元。官司整整打了18个月。

在法庭上，原被告双方都不承认对方出具的检测报告。应被告申请，法院委托权威机构进行检测。检测结论为："有家具时，室内甲醛浓度明显超过无家具时室内甲醛浓度，其差值超过了有关国家标准。"

日前，法院做出一审判决：张先生退还家具；"家具公司"退还张先生家具款31550元，并赔偿其女儿医药费480元。

眼下，住房家具甲醛污染，已成为老百姓身边的"切肤之痛"。但是，在全国范围内，此类纠纷消费者很少告到法院，即便起诉，消费者也很少有胜诉的。这起案件之所以能一审打赢，诉讼技巧是关键。

一位资深律师解释说，家具甲醛超标纠纷，一般消费者会以"家具质量纠纷"或是"人身损害赔偿"为由起诉，但是这两类诉讼的举证责任全部在消费者，要由消费者证明家具不合格，非常不利，官司往往打不赢。而打"环境污染损害赔偿"官司，举证责任倒置在家具销售商身上，这就大大减轻了消费者的举证责任。其二，如果要打家具质量官司，就要消费者证明家具不合格，一般要作家具破坏性检测，这对消费者是极端苛刻的。而改打环境污染损害赔偿官司后，测的是室内有家具和无家具时空气中甲醛的含量，再用减法一减，得出结论，这样就避免了破坏性检测的风险。

案例3 成都市民购买知名品牌松木家具儿童房污染严重

2006年4月7日，贺女士在城北某家具商场花了1万余元选购了某品牌松木家具，将儿童房与书房布置一新。然而，自从松木家具搬进去以后，贺女士总觉得在女儿的卧室和书房里有种说不出的怪味，这绝不是松木的清香味，但似乎也不是甲醛的味道，于是，贺女士在家具搬进新居后不久，就打电话给此品牌家具厂询问。"一般新买的家具都会有一点味道。放放就好了。"得出这样的答复，贺女士也就没再追究。

可随着时间推移，摆放板式家具的主卧已经没有味道，而儿童房与书房味道依然。2007年4月初，随着天气开始转热，贺女士觉得书房和女儿的卧室味道越来越大，在这两间房里呆久了，眼睛还感到刺痛。贺女士再次找到此家具厂。家具厂派人到贺女士家察看后说，这个是正常现象。其生产的松木家具是经过有关部门检测过的，绝对没有问题，是贺女士太敏感了。

怎么办呢？万般无奈之下，贺女士于2007年6月初请中国测试技术研究院室内环境检测站对儿童房和书房进行了空气质量检测。检测结果发现罪魁祸首是总挥发性有机化合物TVOC。

四川某室内环境检测站出具有《环检字第20070116号》检测报告，在这份检测报告的TVOC检测项目栏内，标准要求为小于或等于$0.60mg/m^3$，书房实测结果为$1.51mg/m^3$，超出标准要求2倍多，儿童房实测结果为$2.09mg/m^3$，竟然超出了标准要求的3倍还多。

TVOC是各种被测量的室内有机气态物质的总称，这些挥发性有机物主要包括异丁烷、正己烷、癸烷、二氯甲烷、三氯甲烷、四氯化碳、三氯乙烯、四氯乙烯、苯乙烯、甲苯、乙苯等。

二氯甲烷，它来源于各种油漆、涂料、家具上光剂和清洁剂，会造成头痛、疲劳、四肢无力，可损害肝和脑，是可疑致癌物；四氯化碳来源室内建筑材料、清洁剂，同样会造成头痛、虚弱、无力、恶心、呕吐及肝、肾损伤，也是可疑致癌物；三氯乙烯主要来自于粘合剂，去污剂和地毯清洗液、制冷剂，对中枢神经系统、免疫和内分泌系统有不良影响，可导致流产，同样是可疑致癌物。